Alfred Charles Ki...

最經典最有價值的性...

金賽性學報告
〈男性性行為篇〉

本報告搜集了近18,000個與人類性行為及性傾向有關的訪談案例，
其中男性約12,000人，女性約6,000人。主要對社會群體中各種類型的人進行調查，
並且將其劃分為如下對照組：
男性與女性 / 未婚者、再婚者與曾婚者
年齡層範圍3～90歲 / 不同的職業、受教育程度
都市、鄉村與城鄉混合地區的人 / 不同宗教信仰的人及無宗教信仰者

SEX

阿爾弗雷德‧查爾斯‧金賽 著
葉盈如 譯

金賽教授為性學所做的貢獻，如哥倫布為地理學所做的貢獻一樣偉大。
《金賽性學報告》的內容是如此寶貴，一個字也不容忽視和誤解。
——《時代》雜誌——
金賽教授以超脫的態度和精準的資料斬斷了桎梏，願他探尋真理的精神永不磨滅。
——《紐約時報》——

譯者序

1948年——

杜魯門絕地大翻盤，成功連任美國總統；

史達林封鎖柏林，釀成「第一次柏林危機」；

英國女王伊莉莎白二世喜獲麟兒，這就是後來的查爾斯王子；

聖雄甘地去世，此時距離印度獲得獨立還不到六個月……

不過，這一切都比不上同年出版的一份報告影響深遠——一位來自印第安納大學的教授發表一篇驚人的報告，題為《男性性行為》。後來，這篇報告和它的姐妹篇《女性性行為》一起，被稱作《金賽性學報告》。

這位教授的名字是——阿爾弗雷德・金賽！

1948年，「性革命之父」「美國的佛洛伊德」金賽博士首先出版《男性性行為》，一夜之間成為美國最知名的人士。

1953年又出版《女性性行為》，書中金賽分析人們的社會化過程以及人們所處的不同社會階層環境對於人們的性行為方式、性高潮頻率等性現象的重要作用。使大眾明瞭：約6000位受訪者中，有一半在她們結婚時已經不是處女，而25%的女性承認自己有婚外性行為。

這兩本書一出版就成為當時的超級暢銷書，一時之間洛陽紙貴、家喻戶曉，其影響直至如今。

　　金賽對於性學的研究是開創性的、先鋒的、拓寬式的。他的研究報告開創了現代性學研究的先河，為後來的相關研究和人們的思維觀念打開了新的通道。金賽教授還開創性地定義了多樣「深入訪談」的新標準！受訪者包括大學生、囚犯、白領、工人、家庭主婦、部長、妓女和精神病人等，他們每個人都分別在長達兩小時的面談中回答350至500個問題，這些問題涉及他們的性偏好和性經驗。

　　他的研究結果不止推展了同性戀和雙性戀課題的討論和進一步探索，也同時催化60～70年代的性解放運動，並且對後來的婦女解放女權、性教育和墮胎課題的論爭產生很大的影響。

　　至此，我們或者能稍微體會到迪金森的心情，這位在1933年出版《人類性解剖學》的性學先師，在聽到《男性性行為》在美國出版後，激動得淚流滿面地說：「終於來了，終於來了，這正是我一生夢寐以求的啊！」

　　隨著社會的進步，人們的性觀念雖然越來越開放，但是人們卻發現自己很難找到正確性教育的途徑和方法。有關性的種種問題，經常會出現在電視及廣播節目中，網路上更有數不清的探討「健康的性」的專欄。即使如此，大部分的資訊仍然十分膚淺，多半只著重在感官方面，或仰賴準確度可疑的資料，甚至受限於一兩個人的意見或經驗。

　　《金賽性學報告》有問卷受訪者直白坦言的大量第一手資料，這些資料觸及到男人和女人在性問題上各個領域的比較客觀真實的隱私情況，這是一般的研究工作所得不到的，它大大提高人們在認識人類的性乃至人類自身的眼界和水準，有很高的學術研究價值。

因此在今天，本書仍然是最重要、最有價值的性教育讀本之一，因為每個人都需要性的科學知識來認識和對待各種各樣的問題，諸如：如何評價婚姻中的性內容、如何對兒童和青少年進行性的引導、如何評價人們的婚前性行為、如何對他們進行性教育、如何對待那些與道德相衝突的性生活……想要科學地思考上述問題中的任何一個，首先需要瞭解人們的性行為實況，瞭解性行為與生物因素之間內在的關聯，本書則一一解答了這些問題。對於這些困擾人們的問題和煩惱，《金賽性學報告》不僅可以提供參考，而且還是一位相當權威的老師。

目錄

第四章：性釋放概論

第五章：年齡與性釋放

第一章

研究概況

我們所從事的這項長達9年的研究，不僅是為了揭示人類性行為的全貌，更重要的是用詳實的資料揭示出，究竟是什麼原因造成人類不同個體和不同階層之間在性行為方面存在的巨大差異。

近來，很多人已經開始將性視為一個單純的科學問題，而不是道德價值或社會習俗問題。從事心理研究的工作人員發現，大多數已婚夫婦都需要幫助，以便獲得性知識用以解決性生活中遇到的難題。隨著時間的推移，越來越多的人意識到他們也需要性科學知識來幫助自己認識並解決生活中所遇到的各種問題。例如，怎樣評價婚姻中有關性的話題，如何對兒童進行性引導，怎樣正確對待年輕人的婚前性行為，性教育究竟要如何進行，怎樣處置那些背離道德的性生活。此外，那些自願讓社會透過宗教、習俗、法律力量來支配自己行為的人該如何去應對自己及他人的性活動。想要科學地思考並解決這類問題，首先就必須對人類性行為的情況、性行為與生物因素和社會因素之間存在的內在關係有所瞭解。

性在歐美文化中一直被視為宗教價值觀、社會禁忌和法律要管束的首要問題，其重要程度超過了其他任何肉體活動。這使科學家們關於人類性行為科學的調查研究活動一直無法進行，進而使我們迄今為止仍對性知識瞭解甚微。

　　然而，1929年馬凌諾斯基的研究讓這種狀況有新的進展。他的研究證明：在人類的諸多其他文化中，性活動相對來說自由得多，在人們眼裡只不過是日常活動之一，反而是吃與供養活動成為社會禮儀和禁忌的首要問題。迄今為止，西方社會對食物和吃所存在的如此之多的原始禁忌，仍然會讓我們感到驚訝不已。不過，性反應畢竟是人類一種最強烈的激情，所帶來的情緒感受超越任何其他生理活動。無論什麼社會，都可以對人們的呼吸功能、消化功能、排泄功能或其他生理功能不聞不問，卻總要對性活動進行管制，這與宗教價值和傳統習俗有著千絲萬縷的關聯。性行為的激情早已被這種關聯所征服並一直受其統治。

　　性活動不但對行為主體產生影響，還可能會影響他人，甚至對整個社會組織構成危害。捍衛傳統習俗的人們往往基於這個理由為社會對個人性行為的干涉進行合理辯解。其實，這就如同為保護個人和財產不受侵犯而制定的法律一樣，管束性行為的目的應該是對強姦與通姦行為進行制裁。但是在社會現實中，除了保護個人的法律之外，還有一種「性法律」，其目的在於保護習俗。因此，人們才會對維護傳統的性習慣抱著更大的熱情，甚至超過了保護財產與個人的熱情。以往的科學家對性的研究無法深入和發展的原因，正在於社會對性報以的這種態度。

　　時至而今，性研究終於成為可能。許多人開誠布公地講出他們自己的性行為，越來越多的人逐漸參與其中並提供其他幫助。由此可見，科學家們低估普通人對科學的信賴和對科研成果的尊重。人們之所以願意這樣做其實都基於他們的信念，人們都堅信自己所吐露的隱密有助於科學體系的建立，而他們自己乃至整個社會都會因此而最終獲益。

研究的對象

本報告展現的所有資料均是透過直接面談的形式獲取並得以記錄的。本報告的調查對象範圍涉及美國所有的州，但由於歷史地理的原因，東北地區，尤其是麻塞諸塞州、密西根州、田納西州和堪薩斯州為主要的調查對象。這個範圍基本上可以反映出美國的全貌。

本報告對社會群體中各種類型的人進行調查，並且將其劃分為如下對照組：

◎ 男性與女性

◎ 白人、黑人及其他種族的人

◎ 未婚者、再婚者與曾婚者

◎ 3～90歲不同年齡的人

◎ 不同年齡段的青少年

◎ 不同的受教育程度

◎ 不同的職業

◎ 不同的社會階層

◎ 都市、鄉村與城鄉混合地區的人

◎ 不同宗教信仰的人

◎ 信仰該宗教程度不同的人及無宗教信仰者

◎ 祖籍不同的人

經驗告訴我們，若要真正地瞭解任何一個群體的實際情況，就必須對至少300個個例進行調查和分析。在進行廣泛的社會分析時，必須要有足夠數量的研究對象的群體，本報告收錄了我們在此方面的工作成果。

本報告依據大約12,000人的面談記錄而形成。僅從數量上來看，這是以前所做的最廣泛調查研究的4倍，但是對於整個美國社會來說，12,000例個例還是遠遠不夠的了，至少應有100,000例個例才能夠說明問題，我們希望在今後的20年內能夠達到這個數量。

本報告所收集的個例中，男性大約為6,300人，其中大約5,300人是白種人。從年齡上來看，我們主要對40歲以下的男性做了集中研究，但這並不能全面反映年紀大一些的、未曾結婚的和曾經有婚史的人的情況。從地域上來看，鄉村人口的狀況反映相對較少。其他情況，如宗教群體、工廠工人與手工業者、黑人的狀況，相關資料也存有欠缺。

至於女性性行為的狀況，我們準備對調查研究的結果出書論述。

在我們收集和篩選資料的過程中，並不存在稀缺與普遍、道德或不道德的概念。我們所做的工作只是要揭示人類性行為的所有方面。那種將性行為的某些方面稱之為道德的，而將其他方面稱為不道德的傳統觀念，曾經幾乎統治了整個世界，甚至科學家們也為此屈服。然而，我們要明白，這些觀念幾乎全部來自於哲學、宗教或文化，而不是科學。它們是對性行為進行自由研究的最大障礙，曾經在19世紀和20世紀上半葉，阻擋了無數科學家前進的步伐。

我們的這份報告，所要說明的是人們在做什麼，絕不涉及人們應該做什麼，也對此進行任何評價。我們的報告只是揭示美國男性的性行為，而絕不是傳統意義上那種對於「有德」和「無德」的男性及其行為進行的研

究。我們調查了男性的所有性行為，並且公布相關所有資料，僅此而已。

　　歸根結底，可能被心理學家認定為「正常」或「自我調節良好」的那些個人，與那些可能被認定為神經病、精神病或「變態」的個人，彼此間從來就不存在明確的界線。倘若真要用這樣的概念對這項研究加以限制，甚至再加上道德的評價，就會把原本應該產生於調查之後的科學結論扼殺掉，使它面目全非地以一種先驗的成見出現，這就失去研究的真正意義。因此我們要盡量避免使用這種分類方法，特別是當它毫無科學根據的時候。

　　我們所做的研究，不是要把人類性行為的生物學、心理學和社會學等方面的內容割裂開來，而是將它們視為一個統一的整體，包含人類性行為的一切方面。人類整體的性行為可能涉及眾多的專門學科，但性行為本身在每個個例中就是一個整體單位。我們必須以這樣的角度去理解它，進而去研究它的所有方面。在此，我們衷心感謝為這項研究做出卓越貢獻的33位專家，並希望各專家繼續共同努力，不遺餘力地研究下去。

研究的發展

我們採用一種被稱為「分類學」的方法來進行這項研究，這種方法來自於本報告的作者金賽教授所長期從事的昆蟲分類學研究。

運用分類學方法來研究人類性行為，必須克服人類所特有的「人格」障礙，要將人類的記憶只作為一種工具加以掌握和運用。與此同時，人類性行為的因素相較於昆蟲要遠遠繁雜得多，這對我們的研究方法也是一種全新的挑戰。

1938年7月，我們開始著手於這項研究，此前我們已經充分運用自己在教學和野外工作中所培養的人際交往能力和經驗。雖然如此，在最初半年的工作中，仍然收效甚微，僅僅使62個人吐露了自己的性經歷。當然，這種情況在而後的工作中得到明顯的改善。

在1939年整整一年的時間裡，我們直接面談的人數達到671人，1943年達到1,510人，1945年高達2,668人。如此一來，至1947年我們開始動筆撰寫此項報告時，總計已與12,214人進行過面談。直接參與面談收集例證的工作人員，共有6位，其中金賽教授面談7,036人，佔面談總人數的57.6%；普默洛伊面談3,808人，佔31.2%；馬丁面談890人，佔7.3%；其餘三位共面談480人，佔3.9%。

當然，我們的調查也隨著時間的推移而得以發展。從第一年開始，我們對面談對象所提問題的數量增加了22個百分點，但是從第9個月起，我

們在面談中的記錄方法、形式以及面談技巧，都已經步入正軌並且固定下來，達到現在的狀態。

在還沒有著手開始研究的時候，我們就清楚地知道自己將會面對怎樣的風險。在起初的一兩年裡，不斷地有人對我們發出警告，也遇到過一些特殊麻煩，特別是某些醫學團體有組織地公然與我們對抗。某城市的醫生聯合會曾想試圖起訴，控告我們無照行醫。

在調查過程中，兩三個城市的警察對我們所做的事情加以干涉。我們曾經被一個鄉村地區的行政長官審查過。有些人試圖說服我們所在大學的行政當局停止這項研究，或阻止研究成果出版，或將本報告的作者金賽教授解僱，或對出自於本報告的所有出版物建立審查制度。在面對這些障礙時，印第安納大學行政當局堅定地捍衛了我們從事科學研究的權利，為我們成功地進行研究提供了保證。

不過，除了我們之外，其他從事此類研究的人就沒有那麼幸運了。某市的某中學開除了一位高中教師，原因只是他曾經與我們合作在這座城市中收集過資料，而更讓人覺得不可思議的是，這所中學的校長竟然還是一位心理學家！當然，我們所遇到的困難和挫折絕不只是這些，諸如法律手段的反對、警察的偵察和政治調查、出版方面的審查，以及延續數年的來自科學家陣營般的批判。在這個過程中，我們見識到了古代傳統的社會習俗對那些被培養為科學家的人竟有如此之深的影響，真是一目瞭然，妙不可言！

這些對我們的批判整體上有兩個主要原因：

首先是科學界內的門戶之見。一些心理學家認為，性行為涉及的是心理學的最基本問題，生物學家不配參與其中。某些社會學家則認為，大

部分性問題與社會有關，生物學家與心理學家都不是從事性研究的合適人選。還有一些精神分析學家認為，除了他們自己，沒人有資格參與性行為的研究。對於從社會調查中獲得的研究資料遭到一些專業醫生的堅決反對，他們認為此類研究應該由臨床醫生在門診部裡進行才是正確的。

其次，一些科學家對我們此項研究所產生的社會效果有所懷疑和顧忌。那些認可動物性行為研究的科學家們，卻不太相信在相同的基礎上能夠研究人類的性行為。他們認為，無論我們的研究取得怎樣的成果，也不應該將其出版，因為現今的社會還沒有做好接受這種事實的準備。大多數人，特別是從事性教育工作的領導者們認為，性行為本質上是一個激情問題，從沒有任何一種科學研究能對激情的質和量進行測定，即使這種手段真的出現了，其研究成果也存在很大的危險性，不應向社會公開。

有熱心人士曾勸說我們，在未實際出版本報告之前，一定要做好保密工作。有些科學家懷疑我們可能將個人的道德評價帶入了面談與資料分析中。還有幾位科學家直接要求我們，在研究中必須歌頌那些「道德的」性行為，不能使人們對一般意義上判斷某個行為道德與否的標準產生絲毫疑義。

在調查中，當我們向一位旅館經理表明來意以後，他拒絕談論自己的性經歷，「我不想讓任何人在我的旅館裡像脫光衣服那樣袒露內心。」其實，這位經理的思路與我們所講的那些科學家如出一轍，只是他們不像這位經理一樣風趣而已。

相比於我們在昆蟲考察中所遇到的危崖幽谷、荒漠迷沼、野蠻土著，這些所謂的反對也只是小巫見大巫，它們從來無法阻止我們前進的步伐。無論何時何地，試圖給我們造成干擾的人總是少數，大多數人還是願意和

我們合作。目前，已經有12,000人講述自己的隱私，為我們的研究工作貢獻了一份力量，現在還有更多的、數以萬計的人正準備做出貢獻。在此，我們非常感謝那些被調查過的528所大學的學生們，他們做出巨大的貢獻，給我們莫大的支持，其中有14所大學，每所的貢獻者都超過100名。衷心謝謝你們！

分類學的研究方法

在此項研究中，我們運用從生物學中引進的動植物分類法。但是在生物學中，分類法也存在新舊之別。兩者第一個主要區別在於所選取例證的數量。舊分類法通常只選取一個或數個例證，而後對所選取的例證進行分析，並且依據其結果來確定分類標準。新分類法則截然不同，它從不同的地區選取例證，而且每個地區都要選取數百個例證，整個物種要選取的例證多達數萬個，然後一次為依據確定分類標準。顯然，新分類法相比之下更為科學和準確。

新舊分類法的第二個主要區別在於，舊分類法只對所選取的例證本身進行分析研究，而新分類法則將例證所處的環境與背景作為重要因素納入到分析中，並且將不同環境中的例證加以比較研究，也就是說，新分類法將制約物種的自然條件納入到研究範圍。

醫學、精神病學、心理學、社會學、經濟學、人類學以及其他社會科學，在進行研究時都將人類學作為一個整體物種。它們遇到的首要問題與生物學一樣，都是怎樣才能描述出人類的整體狀況，這就要求它們確定選取的樣本容量有多大才能科學地反映出研究對象的普遍狀況。

遺憾的是，當今的社會科學距離這一點還相差甚遠。對較大群體的狀況進行描述的時候，大多數著作都只是以為群體中的某個特殊層面作為依據，甚至將範圍縮小至一個或幾個個體。儘管所選取的這些層面或個體

可以稱為典型，但是它們不可能包括或代表那些性別不同、年齡各異、社會經濟和宗教背景差別很大、受教育程度參差不齊的所有個體。即使在醫學，尤其是心理學領域中，在手術治療、藥劑注射、生理檢驗以及心理治療等具體工作中，直至今日，人們是以偏概全，確定並執行著自己原有的分類標準，並以此為依據來說明它對整個人類都是使用的。

仍然有許多醫師和心理學專家堅信，個例的情況完全可以適用於所有個體。精神病學者和精神分析學者中也存在不少這樣的人，但以人類學者為甚。他們執拗地認為根據個例的情況可以推知一切，就像遠古哲人那樣，認為殘垣斷壁上孤零零的一朵小花，隱含著揭開宇宙奧秘的鑰匙。

由於研究對象的特殊性，社會學家顯然更關注群體問題，更注意擴大自己的選例範圍。然而，他們所研究的群體往往不具備普遍性，不能代表人類物種外，有時還會在另一種誤解中迷失，即尋求整個文化的「社會類型」和「行為動機」，尋求對此的「映像」並且確定其「頂點」。

十幾年來，新的分類法已經開始在經濟統計資料、農業資料以及民意測驗等方面逐漸加以運用，尤其是公共衛生方面表現得尤顯突出。儘管它們的分類法並非來自於生物學，選例範圍在研究對象整體中所佔的比例也只有1％～5％，但新的方法與錯誤率在20％～90％之間的社會科學的傳統研究方法相比，已經有很大的進步。

現代分類學的研究基礎是統計資料，這種方法也經常會受到其他人的訴病。其理由是：統計研究意義上的「人」，是一種具有共性的人或一種普遍的人，而這種「普遍的人」並不存在於現實當中。因而這種「人」並不能讓我們對特定的個人加深瞭解，更不可能將臨床醫生在門診部裡治療具體病人時所獲得的認知取而代之。這種對統計學方法的認知實際上是錯

誤的。準確來說，統計學研究方法是一種整體分析，其目的和作用在於揭示特定個體與群體中其他個體之間的關係，以此更加深入地對個體進行研究。倘若這樣的基礎並不存在，醫生所治療的任何一個病人，都會成為絕無僅有的特例、無法解釋的單值或一個孤立的現象。所以，統計分析與個體分析並無衝突，相反地，它們是相輔相成的。個例研究者可以透過統計學研究方法確定自己所研究的個體在整體中的位置。每個科學家都要瞭解個體，也要瞭解整體，並且在整體中把握個體，這才是我們的基本目的和方法。

第二章

調查內容

我們在每一次個人面談中都設置521個問題。但由於在實際中,通常被調查者只在其中的部分事情上有過經歷,因此在面談被調查者一般只會回答300個問題左右。當然,年齡較小或經歷較少的那些人回答的問題就更少了。還有一些問題只有透過身體檢查或其他特殊測驗才能得到答案,一般對於那些有研究價值的人,我們才會這樣做。

問卷調查內容

一、社會背景與經濟狀況

1. 性別

2. 年齡

3. 出生日期

4. 種族

5. 籍貫

    A. 出生地

    B. 居住地（至少一年）

    C. 父母出生地

6. 出身於城市還是鄉村

7. 宗教信仰

    A. 所信仰的宗教

    B. 信仰程度

8. 職業

9. 經濟狀況

10. 受教育程度（上過幾年學）

    A. 全部學歷

    B. 讀過大學與否

    C. 大學主修專業

    D. 離開中小學多長時間

    E. 高中讀了多長時間

11. 心理測驗（只對特殊對象進行）

12. 有何娛樂愛好

    A. 校園的課外活動

    B. 看電影

    C. 跳舞

    D. 打撲克

    E. 賭博

    F. 吸菸

    G. 飲酒精類飲料

    H. 使用麻醉品

    I. 吸食大麻

    J. 打獵

    K. 釣魚

    L. 讀書

    M. 縫紉

    N. 烹飪

    O. 做家務

P. 音樂

Q. 體育活動

R. 其他

13. 在學校體育比賽中的成績如何

14. 在學校中是否有情同手足的朋友

15. 家庭背景

A. 父母職業

B. 父母經濟狀況

C. 父母受教育程度

D. 父母婚姻狀況

　　a. 幸福

　　b. 分居或離婚

E. 父母與子女的關係

　　a. 依戀父親

　　b. 依戀母親

F. 兄弟姐妹的狀況

　　a. 人數

　　b. 年齡

G. 10歲與16歲時的同伴狀況

　　a. 親戚人數

　　b. 男性人數

　　c. 女性人數

16. 社會經歷

　　A. 是否進過監獄或孤兒院

　　B. 是否服過兵役

17. 個性特徵

二、婚姻狀況

1. 是否在婚

2. 配偶狀況

　　A. 年齡

　　B. 相識時間長短

　　C. 訂婚時間長短

　　D. 宗教信仰

　　E. 受教育程度

3. 雙方結婚時的年齡

4. 結婚、離婚、分居、喪偶已經有幾年

5. 是否未婚同居

6. 子女狀況

　　A. 性別

　　B. 年齡

　　C. 母親首次生育時的年齡

7. 流產情況

A. 自然流產次數

B. 人工流產次數

8. 如何評價婚姻現狀

A. 評價等級

B. 吵架原因

三、性教育狀況

1. 何時以及怎樣獲知如下現象

A. 懷孕

B. 性交

C. 受精

D. 月經

E. 性病

F. 賣淫

G. 避孕

H. 墮胎

I. 男性陰莖的勃起（只對女性進行調查）

2. 父母對性教育的貢獻

3. 是否觀看過性行為

4. 是否觀看過性行為的影片資料

5. 是否接受過學校的正規性教育

6. 對裸體所持的態度

A. 父母裸體

B. 他人裸體

四、身心狀況

1. 發育與健康狀況

A. 身高

B. 體重以及曾經的最大體重

C. 脈搏（只針對特例）

D. 血壓（只針對特例）

E. 唇厚

F. 手形

G. 病史或殘疾史

H. 性病史

2. 青春期發育的年齡

A. 首次性欲激發

B. 首次性高潮（及其產生原因）

C. 陰毛發育

D. 乳房發育（只針對女性）

E. 乳核出現（只針對男青少年）

F. 月經初潮（只針對女青少年）

G. 嗓音變化

H. 身高增長加快

I. 身高停止增長

3. 生殖器狀況（男性）

A. 睪丸：是否下降

    a. 位置（左或右）

    b. 大小（只檢查特例）

    c. 有無損傷史

B. 陰莖（由被調查者自我刺激，即俗稱的手淫）

    a. 長度與是否包莖（勃起與非勃起時）

    b. 勃起後的角度

    c. 勃起後的彎曲度

    d. 勃起後的指向

C. 包皮環切情況

    a. 環切時的年齡

    b. 是否切除繫帶

    c. 包皮的長度

    d. 疤痕狀況

D. 陰莖充血程度

E. 性交前黏液分泌情況

F. 精液檢查（只檢查特例）

G. 勃起情況

    a. 速度

    b. 是否有搏動

    c. 性交中的效力

    d. 持續時間

H. 睡眠中勃起的頻率

4. 生殖器狀況（女性）

A. 陰蒂

　　a. 大小（只檢查特例）

　　b. 包皮黏連程度（只針對特例）

B. 處女膜

　　a. 狀況

　　b. 破裂史

C. 陰道黏液分泌情況

　　a. 分泌量

　　b. 月經週期中的變化

5. 月經

A. 初潮年齡

B. 週期時間與規律

C. 行經持續時間

D. 是否痛經

E. 絕經史

6. 性欲喚起情況

A. 自我喚起

　　a. 照鏡時

　　b. 觀察自己生殖器

　　c. 有無裸露陰部癖好

B. 同性喚起

    a. 想到同性時

    b. 觀察同性時

    c. 觀察已激發的生殖器時

    d. 觀察臀部時

    e. 觀看脫衣舞等色情表演時

    f. 觀看裸體美術作品時

    g. 閱讀淫穢小說時

    h. 閱讀色情文學作品時

    i. 看色情電影時。

    j. 看色情照片與繪畫時

    k. 跳舞時

C. 異性喚起

    a. 想到異性時

    b. 觀察異性時

    c. 看裸體美術作品時

    d. 看脫衣舞等色情表演時

    e. 看色情圖畫時

    f. 讀淫穢小說時，

    g. 讀色情文學作品時

    h. 看色情電影時

    i. 跳舞時

    j. 身體接觸時

k. 口刺激異性時

l. 被異性口刺激時

D. 動物喚起

　a. 看動物交配時

　b. 身體接觸動物時

E. 非性含義的刺激引發的喚起

　a. 音樂

　b. 飲酒

　c. 大便

　d. 疼痛

　e. 被虐待

　f. 虐待他人

　g. 其他情況下（尤其童年）

五. 夜間性夢

1. 首次做性夢時的年齡

2. 夢中出現性高潮的頻率

3. 夢中沒有性高潮的頻率

4. 性夢的內容

A. 與同性性交

B. 與異性性交

C. 與動物性交

D. 其他

六. 自我刺激（俗稱手淫）

1. 首次發生時的年齡，青春期是否已始

2. 學會的途徑

　A. 交談與閱讀

　B. 觀看他人實施

　C. 異性或同性間的實施

　D. 自己發現

3. 頻率

　A. 每週最多次數

　B. 每一歲中的平均次數

4. 方法

　A. 男性

　　a. 手摩

　　b. 物摩

　　c. 口摩

　　d. 使用特殊器具

　　e. 插入尿道

　B. 女性

　　a. 摩乳房

　　b. 摩陰蒂

c. 插入陰道

d. 物摩

e. 臀部施壓

f. 插入尿道

g. 使用器具

5. 達到性高潮所需時間

6. 伴隨何種性交幻想

A. 自我性交

B. 同性性交

C. 異性性交

D. 與動物性交

E. 施虐與被虐行為

7. 對此行為的自我評價

A. 恐懼與抵制的時期

B. 得以解除的原因

C. 何時何因抵制

D. 引起抵制的道德、生理和心理原因

七、異性性交情況

1. 前青春期的性遊戲

A. 首次出現時的年齡與頻率

B. 共同遊戲的同伴的年齡與人數

C. 遊戲方法

    a. 裸露陰部

    b. 探究身體

    c. 插入陰道

    d. 插入尿道

    e. 口與生殖器接觸

    f. 性交

2. 婚前愛撫行為

A. 首次發生時的年齡

B. 頻率

C. 同伴

    a. 國中與高中時的人數

    b. 從高中到結婚期間的人數

D. 方法

    a. 一般身體接觸

    b. 接唇吻

    c. 接舌吻

    d. 手摩乳房

    e. 口摩乳房

    f. 手摩男生殖器

    g. 手摩女生殖器

    h、i（男為h，女為i）口與生殖器接觸

    j. 生殖器同置而未插入

E. 未性交而達到性高潮（男，女）：

    a. 頻率

    b. 首發時年齡

F. 後果

    a. 神經系統失調

    b. 生殖器痙攣

    c. 手摩自己生殖器或其他自我刺激

3. 對婚前性交的態度

A. 未發生婚前性交的原因

    a. 道德考慮

    b. 缺乏機會

    c. 缺乏興趣

    d. 害怕懷孕

    e. 害怕性病

    f. 害怕社會譴責

B. 已經發生的原因

    a. 期望獲得未婚對方的童貞

    b. 期望與對方結婚

    c. 期望有孩子以及所期望的數目

    d. 想從事或延續性交

C. 對自己性交經驗的評價

4. 婚前性交的經驗

A. 首次發生的年齡

B. 首次經歷的情況

    a. 對方的年齡與性格

    b. 對方是否童貞

    c. 達到性高潮的速度

    d. 肉體滿足的程度

C. 發生婚前性交的頻率

D. 其他婚前性交對象的情況

    a. 總人數

    b. 賣淫者

    c. 年齡狀況

    d. 至調查時18歲以下的總人數

    e. 偏愛哪個年齡的對方

    f. 對方婚姻狀況

    g. 是否有血緣關係

    h. 是否童貞

E. 造成懷孕、生育、流產後果的

    a. 當時年齡

    b. 法律後果

    c. 經濟後果

F. 性交的安排

    a. 地點與場合

    b. 是否有全裸體的機會和願望

5. 婚內性交（夫妻分別調查）

A. 首次性交

　　a. 雙方各自年齡

　　b. 對方是否童貞

　　c. 達到性高潮的速度

　　d. 肉體滿足的程度

　　e. 從結婚到首次性交的間隔時間

B. 性交頻率

　　a. 歷史最高頻率

　　b. 不同時期的平均頻率

C. 對性交的評價與對婚姻的評價之間的關係

6. 婚外性交

A. 發生時年齡

B. 對方

　　a. 人數

　　b. 年齡狀況

　　c. 婚姻狀況

　　d. 是同伴

　　e. 是賣淫者

C. 頻率

　　a. 實際性交

　　b. 愛撫行為而無性交

D. 配偶是否知道

E. 對婚姻產生的效果

F. 是否期望再次發生

7. 婚姻中止後的性交

A. 發生時年齡

B. 對方

  a. 人數

  b. 年齡狀況

  c. 婚姻狀況

  d. 是同伴

  e. 是賣淫者

C. 發生頻率

8. 與賣淫者性交

A. 發生時年齡

B. 與之性交的賣淫者人數

C. 頻率

D. 是否採用口刺激技巧

E. 對比評價與非賣淫者性交的感受

9. 性交技巧

A. 性交前的愛撫

  a. 持續時間

  b. 接唇吻

  c. 接舌吻

  d. 手摩乳房

e. 口摩乳房

f、g（男為f，女為g）手摩生殖器

h、i（男為h，女為i）口摩生殖器

j. 此期達到性高潮的頻率

B. 性交體位（經常用或偏愛的）

a. 男上位

b. 女上位

c. 側位

d. 坐位

e. 立位

f. 後入位

g. 肛門交合

h. 其他

C. 男性性高潮

a. 插入的持續時間

b. 是否有多次高潮

D. 女性性高潮

a. 達到頻率

b. 是否有多次高潮

c. 性交中首次高潮何時出現

d. 與性交技巧的關係

E. 全裸體

a. 頻率

　　　　b. 對此的態度

　　F. 性交時偏愛有照明還是黑暗

　　G. 性交中是否出現幻想

10. 避孕經歷（在婚前、婚內、婚外是否採取以及採取何種手段，效果如何）

　　A. 保險套

　　　　a. 來源

　　　　b. 是否檢驗

　　　　c. 是否使用潤滑劑

　　　　d. 是否破漏

　　B. 陰道隔膜或子宮帽

　　　　a. 來源

　　　　b. 型號

　　C. 體外射精法

　　D. 僅用陰道沖洗法

　　E. 安全期避孕法

　　F. 僅用避孕藥

　　G. 其他方法

11. **異性群交**

　　A. 環境

　　B. 條件

　　C. 頻率

　　D. 參加者的人數與性格

E. 是否以裸體的方式參與

F. 是否以參加聯誼會或其他團體的方式參與

G. 是否以觀看性交的方式參與

　　a. 觀看群交同伴

　　b. 觀看朋友

　　c. 觀看職業性交表演者

12. 異性賣淫者（妓女和男妓）

A. 與之性交時年齡

B. 首次經歷

　　a. 時機

　　b. 對象

　　c. 付費多少

C. 每週的頻率

　　a. 開始後的第一年內

　　b. 接下來的時期內

D. 最多時的對象總人數

　　a. 每天

　　b. 每週

E. 平均的對象人數

　　a. 每天

　　b. 每週

　　c. 不同時期

F. 涉及的賣淫者情況

a. 總人數

　　b. 年齡分布狀況

　　c. 平均年齡

　　d. 關係保持最久的時間

　　e. 產生愛情的有多少

　　f. 已婚者所佔的百分比

　　g. 當時保持童貞者的人數

　　h. 職業

　　i. 種族

G. 接觸的途徑

　　a. 朋友私人介紹

　　b. 在既存的賣淫場所中：

　　　（1）賣淫者的年齡

　　　（2）該場所中賣淫者總人數

　　　（3）該場所的規模

　　　（4）該場所的地理位置

　　　（5）是否需用體力或暴力強迫賣淫者

　　c. 在自己為此設置的場所中

　　　（1）花費的時間

　　　（2）地理位置

　　　（3）僱用的人數

　　d. 街頭拉客

　　　（1）已經拒絕的所佔的百分比

（2）招來麻煩的所佔的百分比

H. 愛撫方法

　　a. 對方主動的（方法為前述九種）

　　b. 己方主動的（方法為前述九種）

　　c. 性交體位（如前述）

I. 己方達到性高潮的頻率

J. 性病預防與避孕：

　　a. 是否檢查對方

　　b. 是否使用保險套

　　c. 是否用抗菌劑沖洗

　　d. 是否用其他措施

K. 變換方式

　　a. 肛交

　　b. 口刺激肛門

　　c. 鞭打

　　d. 其他施虐方式

　　e. 受虐

　　f. 排糞

　　g. 觀看性交

　　h. 戀物

L. 群交活動

　　a. 己方年齡

　　b. 頻率

c. 參加本群的人數

　　d. 心理反應如何

M. 裸露展示活動

　　a. 當時年齡

　　b. 頻率

　　c. 觀看者人數

　　d. 觀看者的特點

　　e. 己方的心理反應

　　　（1）首次

　　　（2）以後

　　f. 付費：最多、最少、平均為多少

　　g. 用何種技巧展示

N. 賣淫所獲的收入

　　a. 最多與最少收費

　　b. 年平均收費

　　c. 每週、每月的平均收入

　　d. 付給賣淫場所的百分比

　　e. 付給賣淫介紹者的百分比

　　f. 街頭拉客

　　　（1）發生的機率

　　　（2）最高與最低收入

　　　（3）平均收入

O. 賣淫者與社會的關係

a. 與朋友

b. 與家庭

c. 與政治

d. 被捕與被判罪的機率

e. 由於賣淫

f. 由於街頭拉客

g. 由於其他原因

h. 法律懲罰

i. 被解僱的原因

j. 尋求庇護所付的費用

P. 社會與性的背景

a. 促使開始賣淫的因素

b. 繼續賣淫的主要原因

c. 從性活動中所獲快樂的內容

d. 對繼續賣淫有何計畫

e. 是否有對賣淫的抵觸心理

f. 給婚姻造成什麼後果

g. 是否願意給別人推薦賣淫者

八、同性性行為

1. 前青春期的遊戲

A. 當時的年齡

B. 遊戲的頻率

C. 同伴

    a. 年齡

    b. 人數

D. 方法

    a. 裸露陰部

    b. 手摩

    c. 插入陰道或尿道

    d. 口與生殖器接觸

    e. 刺激肛門

2. 青春期後的經歷

A. 當時年齡

B. 首次經歷

    a. 己方年齡

    b. 對方年齡

    c. 對方種族

    d. 對方與自己的關係

    e. 接觸的場合

    f. 哪方主動提議

    g. 使用的方式：

      （1）主動

      （2）被動

      （3）互動

    h. 是否有經濟往來

i. 己方的滿足程度

C. 首次運用下列技巧的年齡（主動或被動）

a. 手摩

b. 口摩

c. 刺激肛門

d. 刺激乳房（僅指女性）

e. 刺激大腿

f. 全身接觸

D. 同性性行為的頻率

a. 第一年內

b. 以往每日最多次數

c. 以往每週最多次數

d. 各年每週平均次數

e. 所接觸者的總人數

E. 對方

a. 總人數

b. 年齡分布

c. 與己方年齡比較

F. 己方偏愛的年齡

G. 偏愛的原因

H. 社會地位

a. 國中學生

b. 高中學生

c.大學生

d.神職人員

e.教師

f.藝術家

g.自由職業者

h.商人

i.軍人

j.體力勞動者

k.執法人員

I.接觸過的對方中地位最高的

J.對方已婚的

K.對方絲毫沒有同性性行為經驗的

a.人數

b.持續最久的那次的時間

c.產生愛情的次數

d.向已經拒絕者繼續提議的百分比

e.對方種族：

（1）白人

（2）黑人

（3）其他

L.方法

a.愛撫行為（主動或被動）

（1）接唇吻

（2）接舌吻

（3）吻身體

（4）手摩乳房

（5）口摩乳房

（6）手摩生殖器

（7）口摩生殖器

（8）鞭打背部

（9）鞭打臀部

（10）鞭打陰部

（11）插入尿道

（12）口刺激肛門

（13）全裸體

（14）所用體位（包括互相口交）

（15）偏愛有照明還是黑暗

（16）在何場所

M. 己方的性高潮：頻率（用每種方法或自發射精）

N. 對方的性高潮：頻率（用每種方法或自發射精）

3. 心理反應

A. 偏愛哪種對方

a. 男子體型的還是女子體型的

b. 特別高的

c. 特別胖的

d. 膚色特殊的

e. 體毛特別多的

f. 生殖器特殊的

g. 乳房特殊的

h. 陰莖或陰蒂包皮已切除的

i. 其他身體特點的

B. 對生殖器和精液的氣味的反應

4. 接觸的途徑

A. 私人朋友

B. 偶遇

a. 在街頭

b. 在公園

c. 在旅館

d. 在劇院

e. 在夜總會

f. 在餐廳

g. 在海灘

h. 在交通工具上

i. 在公共浴室

j. 搭乘便車時

k. 其他場所

5. 社會對同性性行為的抵觸

A. 在家庭、學校、社區、工作單位所遇到的困難

B. 是否有過被逮捕、起訴、法律制裁的經歷

C. 是否敲詐或是被敲詐

D. 是否乘機搶劫或是被搶劫

E. 對同性戀者結社的限制

6. 同性性行為賣淫者

A. 賣淫者情況

a. 賣淫頻率

b. 賣淫的場合與環境

c. 賣淫總次數

d. 從事賣淫多長時間

B. 買淫者情況

a. 買淫頻率

b. 買淫的場合與環境

c. 買淫總次數

d. 買淫的持續時間

7. 被調查的同性性行為者的自我分析

A. 對自己身體特徵的認識

a. 站立和行走的姿態

b. 嗓音

c. 走路時臀部的特徵

d. 步態

e. 衣著

f. 裝扮

g. 對模仿異性的興趣

h. 其他特徵

B. 對同性性行為是否抵觸和悔恨

C. 是否期望繼續下去

D. 是否期望轉變為異性性行為

E. 對他人的同性性行為有何評價

F. 對促成因素的自我分析

G. 對同性性行為的自我確定

a. 發生在男性之間和女性之間

b. 發生在黑人之間和白人之間

九、與動物的性行為

1. 發生年齡

2. 頻率

A. 達到性高潮

B. 未達到性高潮

3. 偏愛哪種動物

4. 方法

A. 對動物手淫或用物刺激

B. 插入陰道式

C. 口與生殖器接觸

a. 主動

b. 被動

第三章

少年性發育與性活動

　　本章旨在探求性反應的實質，在前青春期中，尋找成年男性性行為的根源與發端。需要說明一點，這裡所謂的性活動是指一切可以導致行為主體達到性高潮的行為總和。主要的性行為主要有以下6種：自我刺激（「手淫」只是其中之一）、夜夢遺精、異性愛撫、異性實際性交、同性性行為（包括同性愛撫和性交）、與動物的性行為（「獸交」只是其中之一。）。

　　此外，還存在其他途徑，但它們在人類性行為中比較罕見也不是主要部分。在這種認識的基礎上，我們才方便繼續分析。

少年的性喚起與性高潮

從生理學的角度講，性喚起與性高潮是指一種成人或婚後才出現的現象，它包括一系列機體的、生理的和心理的變化。但是對我們來說，需要注意下列問題：

第一，雖然某些少年盡量在性遊戲中對與性有關的內容加以避諱，但還是存在不同程度的性喚起與性刺激。一般來說，在性刺激活動方面，男孩們中間要比女孩更多，接近於成年人。許多女孩的表現僅僅是愛撫或親暱的行為，最多對性行為進行模仿，但並沒有真實的性反應產生。

第二，雖然對包括人類在內的高等動物來說，性喚起主要來自於身體的接觸，但透過自己的經驗或外界性資訊的輸入，心理刺激完全可以成為這些高等動物特別是人類性喚起的主要來源，對於那些受教育較多並培養出較強精神活動能力的個體來說，更是如此。更有甚者，其性高潮僅僅透過心理刺激就可以達到。

第三，雖然要判定性喚起與性高潮必須依據許多生理變化和現象，但是迄今為止，無論是律師還是科學家，所依據的都只是調查對象的自述，並無法進行準確的檢測。在此過程中，被調查者掌握的性知識的多寡、表達能力的高低，都可以成為影響調查者判定的因素。正因為如此，通常情況下，人們並不承認性喚起存在於兒童當中，因為他們缺乏表達能力，根本不能準確表述。性高潮的情況也是如此。在一般人的意識中，男性唯有

實際射出精液才算達到性高潮。

實際上，情況卻並非如此，男性即使沒有射精也可以達到性高潮。這一點在前青春期男孩中可以作為通則，即使是在成年男性中也有這種情況存在（據調查分析每4102人中有11人就是這樣）。男女少年由於生理還沒有充分發育，因此無法實現射精或產生與類似成人的反應，但是他們卻經歷了相同的生理過程，產生相同的結果。因為性高潮指的就是性的張力達到頂點，然後快速釋放並且消退，這一點已經被生物學家所認可。許多醫生都將男性性高潮與實際射精等同起來，射精實質上只是性高潮的結果。諸多文學作品也將性高潮本身與性高潮快感混為一談，進而使一些不滿足於快感的人誤認為自己沒產生過性高潮。

當明白這些區別後，我們就可以開始對少年性喚起與性高潮進行討論。依據我們對196名男少年的調查結果，大致可以將他們的無射精性高潮分為六種情況：

1. 陰莖和全身均未出現或很少產生勃起或緊張狀態，其所佔比例為22％。

2. 普遍性的全身緊張，但陰莖並未勃起，其所佔比例為45％。

3. 緊張，甚至出現劇烈痙攣，全身顫抖，呼吸急促，低聲哭泣，其所佔比例為17％。

4. 具有第一或第二種的反應，但另外出現某些歇斯底里式的行為，如大笑、話多、沮喪、施虐、劇烈運動，其所佔比例為5％。

5. 具有上述反應之中的任意一種，但又附加出現顫抖和萎靡乃至瘋癲，通常見於初次性高潮時，其所佔比例為3％。

6. 高潮時疼痛或恐懼，其所佔比例為8％。

少年性遊戲

以佛洛伊德為代表的精神分析學者們對性本身及性活動得出自己的結論,他們認為性活動最早可以追溯到新生兒和嬰兒時期。假如可以用性的自我刺激來解釋他們所提及的一切嬰兒舉動,那麼這種自我刺激就應該被視為一種普遍的現象了。但是,一直一來,人們都無法找到足夠的調查統計資料去支持這個論點。

我們的調查資料顯示:對於成年個體性行為的發展而言,佛洛伊德所提及的那些新生兒和嬰兒的接觸行為的經驗,並沒有產生任何作用。很明顯,成人的性行為是其少年時期特殊生殖器遊戲的結果。

我們透過直接與兒童面談、向父母詢問並且記錄成人的回憶等方式進行調查,結果發現:性活動在5歲以下兒童中,主要為緊抱和親吻。在2～5歲期間,下列活動要比5歲以後的頻率更高:自己擺弄生殖器、向其他兒童顯示自己的生殖器、手摩或口摩其他兒童的生殖器。但是,隨著兒童社會化的逐步發展,他們的行為逐漸受到其所學到的社會價值觀和態度的束縛,這種行為也相應地在許多孩子身上消失,但是也有一些孩子已經開始某些性遊戲。

透過我們的調查,倘若按照現在已經成年的人其兒時的回憶統計,大約有70％的成年男性承認在少年時都曾經進行某種性遊戲,其主要方式是向別人暴露自己的生殖器以及使自己的生殖器與其他兒童產生接觸。當

然，還有許多的成年男性已經記不起他們少年時的經歷了。因此可以這樣說，幾乎所有的男孩都進行過某種與其他幼兒的性遊戲，也是完全有可能的。對女孩來說，她們之中只有約20%的人參與過這類性遊戲。

透過調查，大部分性遊戲發生在8～13歲之間。在持續的時間方面，僅1年的佔24.3%，高於2年的佔17.9%，3年的佔10.4%，4年的佔11.2%，5年及以上的佔36.2%。大多數性遊戲的參與者都是年齡相仿的孩子們。但通常男孩的初次性遊戲都是與年齡稍大的兒童共同進行的。還有一些男孩的性遊戲對象是成年女性，而相比之下，還是成年男性居多。成年人是兒童的萬事之師，當然性也概莫能外。

整體來看，男孩中同性戀式的性遊戲要比異性戀的更為常見和普遍。在性遊戲對象中，男性多於女性的佔72.3%，其中沒有女性的佔50.2%；男女相等的佔23.0%，而女多於男的僅為4.7%。

在成年男性中，回憶自己在少年時期曾有過同性戀式的性遊戲的，佔48%。在我們調查進行時仍然處於前青春期中的男孩裡，有60%的人是這樣。他們初次的同性戀式性接觸平均發生於9歲零2個半月（9.21歲）。

同性戀式性遊戲中，顯示自己的生殖器是最常見且使用頻率最高的方法，佔99.8%。很自然地，這種方法就會引發同性戀式遊戲的第二步，即發生率次高的行為——手摩生殖器，這種方法佔67.2%。但通常這種性遊戲方式的結果並不是最終射精式的「手淫」。它似乎只是男孩用來與比他年長的男性保持交往的一種手段。在沒有「過來人」傳授的情況下，許多男孩可能要經歷相當長的一段時間，才會透過自己的不斷探索發現真正的「手淫」技巧。

在這種性遊戲中，肛交佔17.0%。當然，這不是實質上的插入，而僅

是做做樣子而已。口摩生殖器的佔15.9%，年齡較小的男孩很容易採取這種方式。

大約會有42.1%的同性戀式性遊戲的參與者，會將這種行為一直延續到青春期甚至是成年。這種情況會因為個人的社會背景而有所差異，在受教育不足8年的男性中會繼續下去的有50.2%，大學生中這個比例僅為22.5%。

通常情況下，男孩最初的性行動只是暴露生殖器，而後手摩。倘若他們發現或知道「手淫」的技巧，就會以此為榮，甚至演變成為群體活動並延續到高中畢業之前。這時，雖然他們的本意並不是成為一個同性戀者，但是他們的身體反應卻與同性戀者十分相似了。

開始異性戀式性遊戲的平均年齡為8.81歲，早於同性戀式的5個月，但這種方式只佔全部性遊戲的39%，與同性戀式所佔的44.0%相比，顯得偏低。

顯示生殖器也在異性戀式性遊戲的方式中居於首要位置，其所佔比例高達99.6%。當然，考慮到社會準則的原因，男孩和女孩的生殖器都被父母們十分謹慎地遮蓋起來，包裹得嚴嚴實實，但這樣做反而使孩子們對異性生殖器的好奇心得到激發或強化。

男孩手摩女性生殖器的比例為81.4%。許多上層社會家庭從來都是談性色變，對性交避而不談，以致孩子以為性交就是用手探索陰道，尤以手指插入的方式最為常見，約佔異性戀遊戲總數的49.1%。

在成年男性的回憶中模仿性交約佔22.0%，但是在實際參與過這種性遊戲的男孩中卻佔55.3%。在這個方面，社會差異更為突出，受教育不足8年的人中可高達74.4%，而在大學生中卻只佔25.7%。

只有8.9%的男性被女性以口刺激生殖器，而且通常女性的年齡都比男孩大。

　　異性戀式遊戲延續下來的比例要高於同性戀式性遊戲。在延續性方面，異性愛撫為64.9%，模仿性交為54.7%。這一點很可能就是大多數男孩成年後只進行異性性行為的原因之一。

　　與動物性交式的性遊戲，大多發生於鄉村男孩中。在發生這類性遊戲的年齡方面，9歲前的約佔1/3，到10～12歲達到高峰。這些男孩中約有1/3在青春期中實際與動物發生性交行為。

前青春期的性高潮

考慮到前青春期的性高潮這個事實仍然未進行科學驗證，在此我們應該做出更為詳盡的解答。需要說明的一點就是：我們的資料僅是對數百個個例進行調查的結果，也許無法反映出大多數少年的全貌。

在所調查的487例個例中，經歷過性高潮的所佔比例為：2歲以下為2.5%，2～5歲為8.8%，6～10歲為51.8%，11～13歲為35.7%，14～15歲為1.2%。在經歷過性高潮的317個幼兒中，已達高潮極點的共有65%。

各年齡組情況如下：2歲以下佔32.1%，2～5歲佔57.1%，6～10歲佔63.4%，11～13歲佔80.0%，14～15歲佔46.2%。這裡我們需要強調，在長時間多種刺激下仍然沒有達到過高潮極點的那些人，即使他們仍然處於少年時期，也絕非是出於生理原因，大部分是心理因素的影響。

在成人中，特別是老年人及「性冷淡」女性人群中，也會出現類似的情況。因此整體來說，一半或以上的男孩，在3～4歲時就有達到性高潮極點的可能，而在青春期真正來臨的3～5年中，他們幾乎全部都可能達到這個極點。

前青春期男孩從性喚起到性高潮極點的速度要快於成年人，其平均時間為3分鐘，中位數也不超過2分鐘。這就是說，從嬰兒期直到25歲左右，男性的年齡對這個速度並不會產生很大影響，25歲以後這個速度才逐漸減慢。

有一點需要注意：處於前青春期的男性有能力在短時間內重複達到性高潮，特別是10～15歲的男孩，任何年齡比他們大的男性都趕不上他們的這種能力。我們對182個男孩的調查結果顯示，在規定的時間內，可以達到第二次性高潮的佔總數的55.5％，在此期間可以達到5次或5次以上性高潮的佔30％。此外，在對其他64例男孩的調查中發現，他們兩次性高潮的時間間隔為：從不足10秒鐘到30分鐘或更長，但平均間隔僅為6.28分鐘（中位數為2.25分鐘）。其中有兩例最為突出，一個4歲男孩和一個13歲男孩，兩者均在24小時之內達到26次性高潮。由此可以證明男孩這種迅速重複達到性高潮的能力，並非偶然的或短時間內的個別現象。

在這些男孩中，在兩次高潮之間仍繼續處於興奮狀態的佔1/3，另有1/3雖然有性興奮，但是在感觀上有所消退，還有1/3的性喚起則消失殆盡。與男孩相比，屬於第三種情況的成年男性相對要多一些，而屬於第一種情況的成人則與男孩近似相等。

綜上所述，我們的調查資料顯示：佛洛伊德所提出的人類的性活動最早可以追溯至嬰兒時期的理論，絕不是空穴來風。從理論原則而言，我們所進行的調查結果就可以為此提供重要的事實根據。但是目前我們並未找到證據證明佛洛伊德所說的「性器期」的性活動，以及青春期中存在一個性活動的「潛伏期」。

前者不僅不能作為生殖器遊戲的來源，其本身或許並不存在，或不具有真正意義上的一般性欲反應。倘若後一種現象並不是普遍存在的，自然也不會出自主體的內心，而是由於家長和社會對發育中的男孩不斷進行約束的結果。我們由此可以推斷，精神分析學者強調嬰幼兒時期的性發育及其性能力，或其受到的壓抑，並認為這是成人性行為模式和整個人格的諸

多特點得以形成的最初泉源，是沒有錯誤的。我們與他們的主要分歧是：在這個過程中，發揮主要作用的到底是人類的哪個階段的哪些活動？我們的答案是少年時期的性遊戲，並非嬰兒時期的簡單觸摸活動。此外，在人類的日後成長中發揮主要作用的是兒童性活動中的哪些因素？精神分析學者認為是「力比多」，我們則認為是性高潮的能力。我們認為，只要有足夠的性刺激作為前提，很大一部分的嬰兒和前青春期兒童就會具備達到完全的性高潮所需的特殊的性反應能力。

與此同時需要指出：青年和成人之所以會形成各自特有的性技巧、模式和並對性問題形成獨特的態度與價值觀，很大程度上是由於他們在少年發育期內受到所處環境與所獲知識的約束和塑造。以此看來，學習與環境是非常重要的因素。

第四章

性釋放概論

　　男性達到性高潮的途徑主要有6種，它們分別為自我刺激、夜夢遺精、異性愛撫、異性實際性交、同性性行為、與動物的性行為。男性個體的性釋放的整體狀況無外乎上述這6種方法的總和。

　　任何一種性接觸都可能引發成熟男性激情的勃發，皆可以視為性能量的釋放。雖然直接導致性高潮的原因未必是這些因素，但廣義上講，也可以將其視為某種性的釋放。然而，這些激情的狀態難以給予測定和比較，因此為了分析的方便，我們界定以下所提及的「釋放途徑」，專指能夠達到真實性高潮的性活動方式，即上述6種，可以統稱為性行為。

整體釋放頻率

對某些個體來說，只存在一種釋放途徑，即僅透過唯一的性行為來實現自己全部的性釋放，而大多數人實現的途徑通常都是兩種或兩種以上。還有一些人在特定的短時間內，運用過上述6種途徑。在我們對於11,809人的調查中，沒有採用過上述任何一種途徑的人佔2.2％，採用1種的佔18.4％，採用2種的佔32.4％，採用3種的佔29.5％，採用4種的佔14.3％，6種皆採用過的佔0.3％。綜上所述，這些人平均同時採用2.45種釋放途徑。倘若以此為據對全部美國人口進行推算，他們平均同時採用2.2種釋放途徑。

眾所周知，對個體的性釋放整體狀況來說，這6種途徑中的任何一種都發揮或大或小的作用，倘若再綜合考慮多種途徑，個人具體的整體釋放狀況都會存在無限的可能多樣性。無論在特定群體內某種特定性行為的發生機率多麼高，也無法代表該群體的性生活的整體狀況。

例如：珀爾曾經在1925年對婚內性交的頻率進行過調查，雖然調查結果顯示至少有62％的婚內性交達到性高潮，但是僅靠這個資料卻不能說明在婚男性的整體釋放的狀況，當然更無法顯示他們所獲得的性高潮的整體情況。對大學生的自我刺激，如對手淫現象等情況的研究，也不能完全顯示這個群體的整體釋放狀況。再如，許多被稱為「同性戀」的個人，事實上，他們同時還會與異性發生數百次性行為，在其整體釋放狀況中同性性

行為只佔了很小的比例。遺憾的是，對於那些哪怕有過一次同性性行為的人，很多心理學的相關研究也會將其全部納入到「同性戀者」當中，完全不考慮此人的其他性釋放途徑。我們認為，無論是從事個體研究還是群體研究，都必須將研究對象的多種性釋放途徑，尤其是它們各自對整體釋放狀況做出的貢獻包括進去。此前所公布的所有研究成果，都只是確定了某種人類特定的性活動的頻率。正是這樣，透過對整體釋放情況進行研究我們所得到的頻率比以往的資料記載都要高，而且高於一般人的預期。

我們對從青春期到30歲的11467個美國男性進行研究，結果顯示：他們整體釋放的平均頻率為每週2.88次。其具體比例分布為：每週0～0.5次的佔13.6%，1～4次的佔64.9%，4.5次的佔17.1%，8.5～14次的佔3.3%，15～29次以上的佔1.1%。倘若將這些人中的無性行為者除去，平均釋放頻率就是每週2.4次。倘若放寬年齡界限，將青春期開始者到85歲老年男性全部包括在內，他們的平均釋放頻率為每週2.7次。

倘若以此對全美國男性人口的狀況做出推算，不足30歲的美國男性的平均釋放頻率為每週3.27次，85歲以下的美國男性的平均釋放頻率為每週2.34次。

當然，以上這些推測不會精準無誤。由於受到年齡、婚姻狀況、受教育程度、宗教信仰、城鄉背景，以及生物和心理等諸多因素的影響，社會各色人種的平均釋放頻率存在明顯的差異。在以下各章節中，我們將對此進行討論。

個體差異

　　在人類性行為中個體差異表現得尤為突出和真實。因為即使在一個極小的群體中，個體間在行為上也會存在比生理和心理上大得多的差異。例如，在我們的調查對象中，有少數幾個人多年來從未射精。還有一位表面上看起來身體十分強壯的男性，在此前的30年中卻只有過一次射精。還有一些人長期以來持續地每週都要射精10次、20次，甚至更多。有一位業務熟練的男律師，平均每週都要釋放超過30次，30年來一直如此。看來，其間存在巨大的差異。

　　我曾經於1942年發表有關於昆蟲個體差異的研究報告。報告中我曾經提到，一般動物的個體形體差異約為2～3倍，任何動植物不同個體的形體差異最多可達18倍。但是，透過對人類性釋放頻率的差異進行研究，我發現前者遠遠比不上後者。在前面的內容中我們提到的30年只射精一次的人與平均每週都要釋放30次的那位律師相比，兩者竟然相差45,000倍！而此二人，或其他相差懸殊的兩個人，卻很有可能居於同一城市，在同一場所相遇，甚至參與同一場社會活動。

　　個體在性活動頻率方面存在的差異，其社會意義極為重大。我們的道德標準、社會組織、婚姻傳統、與性相關的法律以及我們所接受的教育和宗教體系，都基於一種估價之上：一切個體的性活動都十分相似。因此對於全部個體來說，在由道德確立的單一道德模式的限定之內來進行自身的

行為，應該而且勢必是一件十分簡單易行的事情。甚至對於像婚姻這樣一件明顯與性活動密不可分的事，我們現今的社會及習俗也很少對結婚的兩個當事人在性的愛好、背景及能力方面存在的差異給予充分的考慮。對於性教育，人們的興趣在於如何去制訂一種能夠滿足處在某個教育水準上的兒童（所有兒童）的課程表！然而，人們卻始終忽略一個事實：某個個體可能以消極的態度來評價性互動，其他個體卻可能發現，他（她）根本無法使自己滿足於如此之低的性活動水準。在社會的組織與管理方面，一直以來，人們幾乎根本不去理會可能存在於個體間的差異。這種做法使不同個體對性的不同評價問題，被訴諸於刑法、精神病醫院或其他社會機構去處理。其實，單就性和對性的評價而言，涉及對象有多少，就會出現多少種不同的問題。

依據我們的調查，每週性釋放1～6.5次的男性佔77.7%，可歸於多與少兩個極端情況的男性佔2.3%。有7.6%的男性每週平均釋放7次或以上，而且至少持續5年。引發他們達到性高潮的性活動，大多數都發生在朋友或熟人中間。我們將會在另一本書中詳細敘述女性的情況。雖然大多數女性性釋放發生的頻率較低，但她們之中也存在個體差異，即不同頻率的分布範圍，卻比男性的還要大。

對於一個個體而言，能不能按照高於或低於自己的實際頻率對所有性活動進行評價？即使一個人經過專業的訓練，也很難回答這個問題。在性教育，性制度和性政策的相關會議上，各種不同的意見不絕於耳，從主張絕對禁欲越到主張公開採用任何一種性活動方式，無所不包。沒有任何事情可以像性這樣能夠引發人們如此程度的公開分裂。任何一個旁觀者都必須承認：充滿智慧的人得出如此截然不同的結論，其依據絕非單純的表面

因素。因此，倘若我們可以獲知與會者的個人性經歷，就會發現，在這個群體中的一些人，性釋放在一年內不超過1次或2次；而與會的另一些人，則保持著有規律性性釋放，每週達到10～20次性高潮。也就是說，個體的性釋放頻率與其所持的態度之間必然存在某種關聯。但遺憾的是，任何一方的極端者或許根本就不會知道自己的爭論對手的性經歷與自己截然不同甚至完全相反。更令人遺憾的是，正是在這種完全不明瞭的氛圍中，人們卻在喋喋不休地討論著青少年的性犯罪問題，商討著應該怎樣制訂專門的性法律。

眾所周知，身處這種討論會會場之外的政治家們所反映的勢必是會場中最響亮的聲音，而必然會出面代表這些人的性態度和性經驗的政治家們永遠不會依據基於客觀統計資料的科研成果來行事。

在對性的科學討論中，也很容易忽略人類行為的廣泛多樣性。許多著作只根據作者個人的性經歷來得出結論，特別是學者也在使用「正常」或「反常」這樣的詞語，著實讓人感到驚訝。因為這只是顯示這位學者按照自己的個人喜好來對待客觀資料，其「研究」只是在個人立場上進行的。

我們的調查顯示，無論哪種性釋放途徑或頻率都不能被稱為「正常的」、「典型的」、「有代表性的」。它們之間存在差異，除此之外，什麼也無法顯示。它們分布的範圍及其連續性顯示，所謂「正常的」和「反常的」之類的術語，並不屬於科學的辭彙。

所謂的「反常」，最多表示某些個人的性活動頻率在人群中很少出現，或是表示這類性釋放途徑在整體人群中不存在普遍性。但是即使如此，這也只能顯示這些個人數量稀少，絕非「反常」。我們將在以後各章中根據事實資料進一步證明：許多在教科書上被認為「變態」或「反常」

的性行為方式，其實際發生率可達30％、60％甚至75％。因此，這類極為稀少的性行為被認定為反常，是不足為憑的。

「反常」一詞，在醫學病理學上是指與一個活體的生理健康抵觸的狀況。「反常」在社會意識中可以指那些給個人與社會帶來不良影響的性活動。但是如此一來，就必定會涉及兩個定義：怎樣的個人的生活才算是好的？社會評價怎樣才算是好的？但有關上述兩方面定義的精確程度，還不如在生理學中對健康所做出的定義。不可以能認為一切偏離性道德的性活動，或一切與社會禁忌相抵觸的性活動，總是甚至永遠是某種神經病或精神病的表現。在我們所調查的大量案例中，大多數從事違背禁忌的性活動的人並沒有因為自己的性活動而產生特殊的苦惱。

許多心理學家或精神分析醫生，以及其他社會適應不良症的治療者，通常認為大多數人在對自己的性生活做出評價時都遇到了障礙或苦惱。但是事實並非如此。原因其實很簡單，一個門診部不能等同於整個社會，一些病例也不能代表總人口的狀況。事實上，這些「反常性活動」總是造成精神病和變態人格的原因，只不過是那些前來求醫的人對自己的性活動都感到不安與負疚而已。

我們的調查對象中，有許多在社會上和學業上取得卓越成績的人物，如大有建樹的科學家、為人師表者、醫生、教士、商界領袖和政府高層。他們知道社會對性活動有何禁忌，卻也採用幾乎所有都所謂反常的性行為方式並自得其樂，並沒有向醫生求助。因此，門診醫生真正的職責，在於醫治那些智力障礙者、強迫症患者以及在人格上存在欠缺的人，在於解決某些人內心的衝突——他們一旦後知後覺地發現了自己的行為和大多數人之間存在偏差，偏離了社會所制訂的習俗，就會自我崩潰甚至患上精神分

裂症。醫生的職責並不是干涉其餘的數以百萬計的人們，雖然他們也有著相同的行為，或有更高的「反常」發生率，但這並沒有給個人增添煩惱，也沒讓他們產生社會失調感。倘若門診醫生們能夠意識到，所謂反常性活動的類型和發生率，其實並沒有超出正常的範圍，他們的行為就會如上所述，並從中深切而更廣泛地瞭解那些調節良好的個人的性經歷。

　　人們性經歷中的苦惱，大多是社會對個人行為做出反應的結果，或是個人因為自己的行為背離社會規範後而抱有恐懼感所造成的。在當今社會中，法律將性行為分為「自然的」和「違反自然的」，但是這個標準的來源不是生物學資料，也不是大自然本身，而是遵循古希臘古羅馬的舊制，甚至連變態心理學教科書也是如此。任何一個科學領域都不會像性學這樣，其研究者仍對兩三千年前的魔法巫師的分析感到滿足。

　　我們的社會為什麼非要對「反常性行為」做出這樣的反應？這一點值得我們深入研究。從本質上說，無論是有關食、衣、性方面的道德，還是宗教禮儀方面的道德，既不是人類經驗的歸納與總結，也不是對客觀資料的科學檢驗。然而很可惜，當前對性行為的研究往往是在科學假面的掩蓋下進行的道德評價而已，而且這種情況非常多也很常見。

影響個體差異的因素

　　造成個體性行為差異的因素主要有三大類，即生物因素、心理因素和社會因素。

　　生物因素中首要的當屬遺傳作用。其餘因素依次為年齡、性激素分泌水準、營養狀況、維生素攝入狀況、一般健康水準，神經系統狀態以及其他一些因素。

　　心理因素所涉及的範圍極其廣泛，最主要的是過去的經歷和經驗對目前行為所施加的影響。從低等動物到高等人類，只要有中樞神經系統，情況就都是如此。個體是否獲得、獲得過何種性經歷以及這些經歷對其後來的活動產生的暗示作用是個人性釋放產生差異的主要依據，這就涉及到個體曾經及目前所處的環境問題。

　　社會因素主要指個體的社會群體歸屬狀況。一般情況下，個人的性活動反映的是個體所屬群體的性活動模式。與此同時，大多數的人也會反過來運用理性來對自己所屬的某個社會群體加以確認、選擇和並感到滿足，使自己的性活動趨於理性化。

　　除了上述概括性的分析外，我們打算以兩方面的極端情況為例證，對個人性釋放的差異進行具體討論，即低頻率現象與高頻率現象。

一、低頻率性釋放與性欲昇華

這裡所講到的低頻率是指，具體個體的實際性釋放頻率，相較於他在無阻礙狀態下所達到的頻率要低。但是，對於「理應達到的」頻率這一點，也是很難確定的，推論得之，若想確定低頻的程度也是十分困難的。唯有少數例證才能做出這樣的分析。舉例說明：在對2868位16～20歲的單身男性進行調查後我們發現，他們的平均性釋放頻率為每週3.35次，而同年齡組的在婚男性的平均頻率則為每週4.03次。存在於這兩類人群之間的差異或許可以解釋為社會規範對婚前性行為的禁止。以此為據，相對於在婚者，單身者的頻率較低。然而，實際生活中在婚者仍然會受到一些阻礙，例如：妻子行經期、孕產期。此外，其他方面的顧慮或干擾也可以成為影響頻率的因素。例如，人類總是試圖選擇某種隱密狀態或場合，在實際性欲勃發和性交中，隱密狀態也不總是能夠獲得；再比如，一夫一妻制的規定及道德對各種性滿足方式的排斥及禁忌。因此，理論上在婚者應該達到的頻率也會比現有資料更高。在我們的調查對象中，超過每日一次的有7.6％，而且他們之中的大多數仍然面臨某些阻礙因素，因此至少在這些人青春期後的5～10年內，他們的頻率會更高。

在短期內根本不發生性釋放，也是極其普遍的現象，但是平均頻率不足每週0.5次的人，在低於31歲的男性中僅佔11.2％，5年內平均每週僅有0.1次甚至根本沒有的人佔2.9％。出現這種情況的的男性，一般可稱為低頻率者。

有一種關於低頻率現象的著名理論，叫做「性欲昇華」，即將性能量轉而釋放於文學、藝術、科學或其他各個受人尊重的領域中。這種理論並

不是佛洛伊德1938年首創的，它在基督教時代甚至古希臘時期之前就已經出現了。那時的道德領袖借助「升化」一詞語來推行禁欲、自我控制、壓抑以及其他各種苦行主義，這些正好都是早期佛洛伊德所反對的行為。我們在此又一次看到科學怎樣被成功地轉變為道德的說教。

昇華理論無法得到客觀科學的驗證。雖然許多個體在盡其所能地控制自己的性反應，降低性高潮的發生頻率，但是他們真的能夠把性能量轉移到「高層次」的事物上嗎？果真如此的話，他們不但應該減少或限制自己的實際性反應，更不應該在精神上感到煩惱與不安。僅以些卓爾不群的人為例，並不能證明昇華理論的正確性，因為沒有一個援引者真正瞭解當事者究竟有過什麼樣的性經歷。

可以用我們所做的調查檢驗一下昇華理論，並揭示低頻率現象中的其他因素。我們對179個36歲以下的男性做了調查，他們在至少5年內每週平均只有0.5次或更少的性釋放。據此，我們歸納出以下幾點原因：

1. 由於健康、性激素分泌不正常或其他生理因素而造成的低頻率者，在179人中只有9人（佔5％的比例）。

2. 至少有52.5％的人為性冷淡者，即通常所謂的「性欲低下者」。無論是出於生物、心理還是社會的原因，這種人總是客觀存在的。在經歷一次性高潮後，他們會在一段時間內（數日或數星期）再也沒有性喚起。心理刺激對他們所產生的作用是微乎其微的，就連擁抱接吻和撫摩生殖器也不產生作用。在女性中這種現象表現得更為普遍，佔30％左右。經調查，這類男性具有一個共同點，他們通常都不會背離道德規範，認為不費吹灰之力就可以控制性反應，並且樂於將自己作為不存在性衝動的例證。然而，與其說這些人是性欲的昇華者，倒不如說他們的所謂昇華，不過是對

性欲缺乏認知，他們是性瞎子或性聾子罷了。

3. 35人（佔19.6％）是因為性交往存在困難而無法進行性活動。他們的性能力從來未被喚醒，這類人一旦開始人際之間的性交往，就會再也離不開規律的、較高頻率的性釋放。這類人顯然也不是性欲昇華者。

4. 還有一部分人是受到了外界環境的突變的影響被迫降低自己的性釋放頻率，入獄犯人就是其中的典型。即使他們用自我刺激、夜夢射精或同性性行為來解決諸多問題，在頻率上較原來也會低很多。這類人大多傾向於從事那些可以直接引起性高潮的性活動。在他們看來，看性圖片、讀性方面的故事與實際接觸異性之間不存在很大區別。由此可見，他們鮮有或沒有需要進行昇華、已經喚起的性能量，因此他們也不能作為昇華的例證。

此外，在我們的調查中，約有8.3％的人與這種情況類似，例如：離婚或是妻子生病，使性釋放頻率維持在較低水準。

5. 最後，出於對性的某種恐懼的人佔58.1％。有些人害怕為建立性關係而有意接近他人；有些人則害怕自我刺激，婚前性交或同性性行為遭到社會的禁阻；還有些人對自己內心的性衝動具有恐懼心理。大多數此類人曾經訴諸於宗教懺悔、自我懲罰或苦行，以免加深自己的罪惡。但他們只是一般的宗教信徒，仍然不是性欲昇華者。

我們還有這個方面的其他調查資料作為輔助。我們對134位在性方面拘謹的男性進行調查，其中有82.8％的年齡在20～30歲，有90.3％的教育程度為大學畢業，93.3％屬於白領階層，有96.3％的人信奉新教。調查結果顯示，無論是單身者還是在婚者，其性釋放頻率都要比全美國男性平均數低三分之一至一半，而婚前性交發生率僅為全國平均水準的74％。其中的大多數人都對自己的性哲學深信不疑，甚至許多人自詡為性欲昇華的完

美典型，這也為很多外人所稱道。不過，他們之中有些正在接受精神病治療，而參與此項調查的幾位精神病醫生都可以為這些人做出診斷：他們的大多數是神經機能症患者。

在性釋放頻率較低的人群中，是否存在部分昇華者；某些特殊群體如教士中是否也包含著昇華者，都是無法確定的。但可以確定的是，昇華者在我們的大量調查對象中是非常稀有的，甚至可以說罕見，因此在學術上不能認定其存在可能性。鑑於昇華理論廣為流傳並易於被人們所接受，鑑於如此之多的人獻身於這個理論，也許可以這樣說：昇華最多只可能在不超過人口5％的性釋放頻率較低的人們中存在。

二、高頻率性釋放

大多數人的性釋放頻率比較適中，因此對於那些高頻者，人們並不相信或根本無法理解。珀爾1925年在研究中提到，這種人「十分罕見」。其實並非如此，頻率在每日一次或一次以上的人，佔7.6％。

高頻率者包括各種各樣的人。30歲以下的各年齡組中的高頻率者與50歲以上各年齡組中的相比較，要多出4倍以上。單身者，在婚者，曾婚者中的高頻率者則基本持平。不同受教育程度和不同社會群體中，高頻率者所佔比例也大致相同。這說明一個具體的個人，可以是性的積極份子，同時在社會匯總又是重要人物。在各種宗教的信徒中，高頻率者的人數顯著減少。下層社會中，則有49.4％的人是高頻率者。這說明在人類所屬群體中對性活動存在較少的阻礙和禁忌，相對來說可以公然、持久地無視法律與社會偏見，那麼其中大多數人的性活動就會積極得多。這也表現為：在受過大學教育的人中高頻率者所佔的比例，低於其在職業學校畢業生中所佔

的比例，上層白領又少於其他階層。在普通勞動者中，每日一次的性釋放是一件十分尋常的事；大多數人都會在臨睡前和晨醒時各有一次性釋放；而那些中午能夠回家的人可達每週21次。

反覆射精是指短時間內陸續多次射精，大多數人都是偶然為之，但這種情況在許多人身上是長期而規律地發生。在我們所做的調查中，有380位白人男性就是如此。其中很多人還可以在一個晚上的幾小時內，間歇地進行2次、3次甚至更多的性交行為，並全部達到射精狀態。相比之下，更為普遍的情況則是，男性在同一次不間斷的勃起和性交中，反覆地射精2次或以上。有些生理學家認為只有女性才具有連續達到性高潮的能力，卻對男性的這種能力持懷疑或否定的態度。這一點可能是因為人們不能理解與自己相異的事實，科學家也概莫能外。我們對這些男性的妻子或女伴做了調查，證實這是一種相當普遍的現象。這種反覆性高潮甚至同樣存在於同性性行為中。當然，隨年齡增長，這種情況的發生率會逐漸降低，青春期前最多，成年男性就很少可以做到這一點。

倘若作為某種特例，更為常見的是男性賣淫者的反覆射精的情況。這種通常是賣淫交易中明確規定的。女性賣淫者通常在「操起本行」時不存在性喚起，也沒有性高潮，而男性賣淫者卻被迫運用某些性技巧以達到反覆射精的效果。我們曾調查過～位39歲的黑人男性賣淫者，他從13歲開始平均每日射精3次。直至今日倘若有顧客要求的話，他每日仍然可以射精6～8次。

總之，我們不能再受偏見和主觀臆斷的影響。這個世界對大多數男性來說一直不缺乏性刺激，他們也一直存在規律而強烈的性反應。

第五章

年齡與性釋放

在對男性性釋放狀況構成影響的各種因素中，年齡最為重要。但大多數人仍然只是基於個人的經驗來對這個問題加以認識。為此我們設計了各種題目對男性展開調查，許多還做了深入的身體檢測。

我們的資料將會顯示：1.男性生命中的性釋放達到頂峰的時間，比人們想像中要早得多。2.性釋放的頻率確實隨著年齡的增長而逐漸降低，但其速度卻因個體的不同而有所差異。

除了下面的基本資料，我們還對一些其他情況進行調查，而且每種都包括被調查者的情況及其中性積極者的情況，由此來對全美男性的平均狀況進行推算。

青春期的性釋放

男性青春期一般都在16～20歲之間，之所以這樣劃分主要是因為95％以上的男孩在16歲時已出現規律的性活動。從16歲至45歲這30年間，99％以上的男性都有規律的和頻率較高的性釋放。但究竟是在哪個年齡段男性性釋放頻率達到頂峰？

迄今為止，仍然有許多生理學家和醫生認為，男性性能力開始於進入青春期的階段並逐年增強，在30多歲乃至40歲出頭的時候男性的性能力才能達到最高點。但是經過我們的調查，發現這樣的頂峰期僅僅適用於女性，而男性性釋放的頂峰時期應該是青春期，甚至前青春期。

這是一個可以對整個社會體系產生深遠影響的結論。像對待其他一切性問題一樣，大多數人，包括許多科學家，都會在無意中依據社會或道德標準來看待各種生理現象。他們對青春期性釋放狀況進行推測的依據是法定或習慣婚齡，這樣看來，似乎未結婚或不被允許結婚的男性，其性釋放就一定比其他人少或必須少似的。

事實上，在很多被稱為「原始民族」的社會中，人們對這一點的認識得反而更加清楚和正確。即使在西方的歷史上，兒童性遊戲和青春期性活動乃至性交的事例也不少於其他民族。但自從進入19世紀維多利亞時代以來，英美文明的做法卻背道而馳，隨著道德禁忌的日益嚴厲，結婚年齡也相應推遲。這種情況使男孩與生俱來的生物本能與成人對他們的道德期望

之間產生日益嚴重的衝突。年齡較大的男性由於其性釋放的需求已不那麼強烈，沒必要再尋求非法的性釋放和性接觸的途徑，然而他們卻反過來這樣要求男孩。他們不願去承認這樣一個事實：實際上，十幾歲的兒子要比35歲的爸爸更富有性能力和性積極性。

不過從我們所做的調查來看，這個歷史傳統正在日益改變。未婚男青少年的性釋放頻率已達平均每週3.4次，而且主要方式為異性性交，這意味著對他們實行禁欲的企圖是失敗的。

女性則與男性的情景大為不同。青春期少女的性釋放頻率僅是男孩的1/5，即使20～30歲的女性，其平均頻率也仍然比同齡男性要低。結果，女性作為母親、教師或一般公民，總會情不自禁地對男孩抱有極大熱情的保護欲。因此在很大程度上，她們已經全都成為道德戒律的狂熱粉絲。她們制訂和審查有關性教育的內容，竭盡全力來強化法律，並且組織聯合起來堅決抵制所謂的「墮落的青少年」。在這些舉動的背後，隱藏著一個與性有關的原因——年輕母親和高中女教師的平均性釋放頻率每週只有0.7～2.1次，僅為同類男性的20％～60％。包括高中教生物課的女教師在內，她們之中的大多數人都堅決認為；9～10年級的男孩仍然太小，不需要接受任何性教育。但是事實上，這些男生的性釋放頻率之高和性經驗之豐富，早已是大多數女教師望塵莫及的。

整個社會也是如此，對青少年的性活動不能予以理解和承認。對此英美的法律也有不少戒律和懲罰措施，這實質上無異於強迫大多數男孩去鋌而走險，觸犯法律。從我們的調查結果來看，可以毫不誇張地說，法律如果真的像大多數人所期望的那樣得到強化和執行，那麼高達85％的男青少年將走上被告席。

這種惡劣的局面由於青少年法庭的活動而變得更加糟糕。這種活動的依據是：需要對兒童進行長期的訓練，即所謂的社會化過程，但同時它卻忽視了兒童發展的多樣性。它確實使許多青少年逃過了同成人法律的懲罰，但是在多數情況下，成年人受到的刑法只要幾個月的時間就會結束，青少年卻要在無異於監獄的地方待上幾年。據說這是十分必要的，美其名曰為孩子們好，但是少年法庭對他們比成年人更多、更高的性需求可曾給予充分的考慮？

以我們的觀點看來：通常一個人的性活動模式在青春期就已經初步形成。這不僅是由於這個階段正值情竇初開，更由於人們在這個時期內也正處於生理能力最旺盛、積極性達到頂峰的人生階段。此外，他們解決一系列根本的性問題的時期也在青春期，比如，學習性的社會交往、形成對性的自我評價和社會評價、對自己是朝異性戀發展還是朝同性戀發展進行擇定等等。然而，對他們在有關性問題上出現的疑惑和困難，我們的社會只會給予一味的束縛和懲罰，而不是幫助他們去解決各種現實問題。他們的個性如何才能獨立？他們能在這種無時無刻不存在的束縛與懲罰中學到些什麼呢？他們只能或者是千人一面，或者是可憐的孤獨者。

老年人與性能力衰退

我們對60歲以上人群做了調查，其中白人男性87人，黑人男性39人。最突出的調查結果就是他們的性釋放頻率在銳減，性無能發生率在增加。在31～35歲的人中，性無能者僅佔1.3％，51～55歲的人中佔6.7％，以此為分界點，以後的便呈劇增趨勢，56～60歲為18.4％，61～65歲為25％；66～70歲為27％，71～75歲為55％；76～80歲為75％。這些老年人的生理機能明顯都在衰退。60歲以下的人每週平均清晨自然勃起的次數為4.9次，65歲左右的人則已降為1.8次，75歲左右的人更低，僅為0.9次。

除此之外，上述統計數字還具有另一層含義：並非全部60歲以上的老人都絕對喪失性能力，無法從事性活動。即使71～75歲的老人，也有近1/2的人繼續性釋放。除了性無能者之外，有性活動的61～65歲的老人，平均每週釋放1.04次，66～70歲的老人，平均0.88次，71～75歲的老人為0.3次，由此看來，75歲老人中有性能力者，其性釋放頻率仍然可以保持3週1次。

此外，性釋放絕對不限於異性性交這種方式。在我們的調查中，71～86歲的老人一般都會有一些自我刺激行為，而夜夢射精現象會一直延續到80歲，只是任何一個75歲以上的老人都不能繼續採用一種以上的釋放途徑。

自我刺激與年齡

　　自我刺激在單身男性中出現得最多；在人的一生中，16～20歲期間，自我刺激的發生率最高，這一點似乎不足為奇。但對50歲上下的人群中，自我刺激的發生率，其平均頻率以及在全部性釋放中所佔的比例要給予特別關注。因為這些資料，第一顯示自我刺激行為並不是專屬於青少年的「惡習」，而是成年人對此行為羞於承認而已；第二顯示其頻率隨年齡增長而下降的幅度，與其他途徑的下降幅度相比要略小一些；第三顯示它在全部性釋放途徑中佔有相當的比例，即使對在婚的年長者來說也是如此。

　　一般來說，自我刺激是異性性交或同性性行為的一種替代手段，但是在此我們必須指出：包括在婚者的某些男性，特別是處於社會上層的人士，通常會終生使用這種方法，以此來變換方式或求得某種特殊的快樂。自我刺激在在婚者中的發生率雖然不及單身者，但是相當穩定。在受教育較多者中自我刺激的發生率更高一些。自我刺激在超過46歲的在婚者中的發生率會劇增的原因之一，在於他們比年輕時更需要這種替代手段。在16～20歲這個年齡段中，所有射精都來自於自我刺激的男性只佔8％，但需要注意的是，此比例會在婚後隨年齡的增加而增長，在50歲的在婚者中已達16％。

愛撫所達性高潮與年齡

　　不透過實際進行性交活動，僅是透過愛撫的行為，包括撫摩對方與被對方撫摩而達到性高潮，這種現象早就已經存在了，但直至最近才在科學界加以研究並且在公眾中引起重視。無論在哪個年齡階段中，導致性高潮的愛撫的頻率都是非常低的。

　　據調查，全美國男性平均為每週0.02～0.08次，即使將無此行為者加以排除，平均頻率也僅在0.17～0.30次之間。由此可見，即使是處於不同年齡段，其發生頻率也相差不大。其最高頻率出現於21～25歲之間，而此頻率在16歲之前和30歲之後會出現劇降。在我們所記錄的個人最高頻率中，21～25歲中有人每週高達7次，比平均多了22倍；但是在35歲以上的人群中，最高的僅為每週0.5次，僅比平均數多1.3倍。

　　在全部性釋放途徑中愛撫所佔的比例雖然不高，但是年齡差異卻較大，而且與其頻率反向相關，年齡越大所佔比例反而越高。在16～20歲中所佔比例僅為6.1％；31～35歲中則升為10％；在36～40歲中可達到17.5％。

　　有過以愛撫達到性高潮的人在單身者中所佔比例的情況與其頻率有些類似，也是16歲以前很低，僅佔18.3％，最高峰在16～20歲之間，佔31.8％，31～35歲劇降，佔20.8％，36歲以上則只有11.5％。

　　無論從哪個方面的資料來看，能夠達到性高潮的愛撫在性釋放的途徑

中都不能算作最重要的方面。當然，這要除去與動物進行的性行為。還由於它通常被人們作為一種實現性的社會目標的預備手段。

在大齡單身者中，愛撫的發生率和實施頻率都不高，但卻具有很高的重要性，這主要是因為他們大多數為半老孤男，一般都比較冷漠、與性隔絕、怯於社交或厭惡異性性交。這些特點都使他們對愛撫既極端渴求，又無法得到或實施。當然，我們所做的調查資料也顯示，愛撫作為一種時尚，是近幾年來才剛剛被社會所容許的，也許在若干年後，如今的青少年長大成人了，尤其是等他們到了中年，愛撫的發生率和頻率就會有所增加。

非婚性交與年齡

非婚性交主要包括兩種情況，一種是與朋友或熟人發生性交，另一種是與職業賣淫者進行性交。

我們所得到的資料讓人震驚，在我們這樣一個對性關係謹小慎微、道德嚴肅的國家裡，在50歲以下的男性中，竟然有高達75％的人和朋友或熟人有過非婚性交；至少有50％的人曾經與賣淫者發生過性交。這不是偶然的行為，與友人性交的頻率可達每週0.5～2次，與賣淫者性交的頻率可達每月1次甚至每10天1次。

在美國，超過一半的單身男子曾經與朋友或熟人發生過非婚性交，其頂峰期在16～20歲之間，佔70.5％，到50歲時仍佔51.3％。在婚男子中，非婚性交的發生率在各年齡組均保持在1/4～1/3之間。

對全部人口來說，單身者和在婚者的頻率都隨著年齡的增長而有所降低，而且絕對數也不是很高。但從參與者個人的角度來看，高頻率者絕不佔少數。16歲以下單身男子平均每週2次，最多的25次；30歲時平均1.5次，最多的16次。在婚男性的所有非婚性交的頻率也不遜色，25歲以下的平均每週1.3次，36歲以上到60歲也一直保持在平均每週0.7次，大約是10天1次。

年輕人通常選擇與朋友或熟人進行非婚性交，而年長者則更多地與賣淫者發生性交。單身男性中，16歲以下的人只有不足1％是完全與賣淫

者進行非婚性交；而同時與朋友、熟人和賣淫者發生非婚性交的也只佔14.6％；但50歲的人卻有14.3％完全與賣淫者發生性交；兩者兼有的佔62％。在所有性釋放途徑中與賣淫者性交所佔的比例可以顯示：在16～20歲的單身者中，它只佔4％，即使只將經常從事者列入其中，也不會超過11％；但是在50歲的單身者中它卻佔到16％，在經常從事者中可以達到53％。這種現象並非是年齡使然，真正發揮作用的乃是社會因素。相對來說，年輕男性更容易結識與自己年齡相當、背景相似的異性，進而與之發生非婚性交，而年長的男性卻很少有這樣的機會，但他們卻更方便與妓女進行性交，為此受到的社會譴責也遠遠少於年輕人。

婚內性交與年齡

　　婚內性交包括履行法律手續的和實際同居的夫妻兩種情況。除了自身的狀況外，它所受到的其他社會因素影響是最小的，因而年齡差異也不大。

　　在16～40歲的在婚男性中，有99％以上都有婚內性交發生，46～60歲中，有2％～6％的人已經不再有婚內性交。這類人到65歲的時候，增加到17％，到70歲的時候，增至30％。婚內性交頻率出現的頂點出現在16～20歲之間，平均每週3.92次；26～30歲降為2.89次；36～40歲為2.22次；51～55歲為1.38次；60歲時為0.9次。婚內性交一直是各年齡階段的人性釋放的最主要途徑，其所佔比例從16歲時的85.2％到55歲時的88.8％不等。

　　婚外性交的情況在前面的內容中，我們已經介紹過了。將婚內和婚外性交加總在一切就構成性交的整體狀況。

　　單身男性發生過性交的，從16～20歲時的73.7％到40歲時的80.8％，在這其間，性交頻率則從平均每週1.35次降到1.00次，在所有性釋放途徑中性交所佔的比例保持在42.8％～50.3％之間。

　　在婚男性性交頻率的大致情況如下：16～20歲為平均每週4.51次；26～30歲為每週3.17次；36～40歲每週為2.28次；46～50歲每週為1.87次。婚內性交在性釋放途徑中所佔的比例，最低為26～30歲時的91.1％，最高為51～55歲時的94.1％。

同性性行為與年齡

我們在這裡所說的同性性行為，是指實際達到性高潮的性活動，而並不是一般意義上對同性產生的愛慕之情。這個方面的數字遠比一般人所認為的要高。

在單身男性中，其發生率最低為16歲以下的27.3%，最高為36～40歲的38.7%。同時期內在所有釋放途徑中同性性行為所佔的比例從17.5%逐漸增至40.4%，到50歲時達到54.3%。但是這種方式的頻率仍然很低。對全部人口來說，16～40歲僅為平均每週0.22～0.58次，即每32～12天才發生1次；即使只計算發生者，每週也僅為0.81～1.69次，即每9～4天才發生1次。

在婚男性發生率不但低，而且會隨著年齡的增長降低。最高峰為21～25歲時的10.6%，36～40歲時降為2.8%，46～50歲時僅為1.2%，每5年遞減率約50%。其頻率自然更低，即25～100週內才會發生1次。已經發生者對其依賴也少，只在2.3%～9.1%之間。

同性性行為也有令人吃驚的發生率，但是與許多其他途徑相比，實際上其實施頻率卻不高，這主要是由於社會的嚴屬禁止使它很難有發生的機會，而且這種關係也是很難長期保持的，但是也存在一些特殊情況。調查中，有幾個正處於青春期的男子超過每週7次，而26～30歲的人中最高者可達每週15次，到50歲時最多者就只有每週5次。

第六章

青春期初始年齡與性釋放

　　數百年以來，人們一直認為一個人可以過多少年性生活是一個確定不變的常數，開始得早，結束得也早。所以，人在早年就應該盡量加以節約，以便在未來的婚姻生活中能夠運用它來履行婚姻的義務。如若不然，成年以後就會隨著性活動的提早結束而最終失去享受婚姻樂趣的能力。性活動的頻率亦是如此，早年過高，將來必然就會很低。

　　醫學界長久以來一直認為精液的浪費是導致男性不育症的原因之一，認為成年人的陽萎現象是對當事人年少時過早享受性生活的一種懲罰。在我所讀過的從1901年到1946年出版的學術書籍中，有這種說法的不少於6本，學者們警告青少年不要浪費自己「生命之液」的書籍，也不少於14本。除學術書籍之外，通俗警世勸善類書中的這種說法就更不勝枚舉了。這樣一來，最終在青少年中導致兩種極端現象。一種是一些男孩成為少年禁欲的苦行者，並且經常為無法徹底禁欲而陷入煩惱之中。另一種則是一些男孩反其道而行之，認為自我刺激，特別是以手摩陰莖來自慰，會促使生殖器更好地發育，並認為性能力會因長時間不用而有所下降。

性行為的初始

我們將首次出現射精的那一年確定為青春期的初始年齡。正是在這一年裡，開始生出陰毛，身高及體重開始猛增。在我們所調查的男性中，有85％的人情況都是這樣，但是仍然有15％的人身體快速發育狀態發生在首次射精之前一年或更早。因此，在這裡必須要考慮到這一點，綜合各種因素，形成複合標準。

根據我們在第三章中提供的資料，男性初次射精可以出現在11歲之前，甚至8歲，而到16歲之前，99.5％的男性都會出現射精現象。這就是我們劃分青春期初始年齡的上限與下限。當然，這不是指青春期本身。

男孩初次射精，並不像一般人所認為的那樣主要透過夜夢射精來實現，實際上其主要途徑是自我刺激。青春期開始較早的男孩，主是透過自己的直接行動來實現性釋放，而開始較晚的男孩依賴偶然反應的情況則更多。

從青春期開始至15歲，男性性行為比任何年齡段的單身者都要多，而且青春期初始早的男孩比晚的還要多16％。

初始早晚與性釋放頻率

　　以現在的成年人性釋放頻率為著眼點，反觀他們各自青春期初始時間的早晚，可以將初始早晚對他們一生性活動的影響看得一清二楚。

　　在16歲以下的年齡段中，初始最早的男孩，為11歲以下。初始最晚的男孩，為15歲或以上。前者的每週平均釋放次數為後者的2倍。除此之外，那些16歲以下而青春期初始於11歲以前的男孩，其平均頻率高達每週3.9次，高於單身男性中任何一個年齡段。

　　考慮到他們的受教育程度這個因素，可以再將以上男性劃分為三組來進行統計：第一組為接受學校教育在9年以下的，平均頻率為5.1次，這是單身男性中最高的；第二組為上過高中，即9～12年的，平均頻率為4.2次；第三組為上過大學，即13年以上的，平均頻率僅為3.3次。我想，這個調查結果應該具有很大的社會意義吧！

　　青春期初始最早的男孩，不但因早於其他人4年而更有機會從事大量高頻率的性活動，在後來的人生中，他們也始終保持比其他人更高的頻率和數量。在16～30歲的年齡段中，初始早者比晚者要高出43％～54％。直至青春期初始後大約25年後的35歲時，初始早者仍高於晚者60％！

　　我們以上討論的是單身者，相關現象在在婚者中更令人驚訝，甚至驚世駭俗。一般認為，考慮在婚者的性行為頻率時，不能忽視妻子的意志和技巧所發揮的影響，這個觀點甚至被許多個例所證實。然而，事實並不

是這樣的。16～20歲的在婚者的頻率，青春期初始早者約為晚者的2倍，而這種差距正好與單身者的情況相吻合。從相關的統計資料中可以看出，這種現象在各年齡段的在婚者中一直存在，即使到46～50歲，青春期初始早者仍比晚者要高出大約20％，而這時距青春期初始之年已經過去了長達35年。這就說明，無論婚否或婚姻品質如何，無論其他因素發揮怎樣的作用，青春期初始的早晚，會對一個人一生的性釋放情況產生持續的影響，而且很可能是最主要的因素。

這個結論也是有據可依的，一個早在10歲時就已經進入青春期的男孩，還沒有足夠的時間來接受外界社會的影響，還沒在內心中構築起禁忌性活動的高牆。因此，他所表現出的熱情與積極性自然要高於15歲或以上的男孩。另一點在本調查中雖然未予以證實，但是仍存在可能性：成人社會對於年齡越小的男孩所開始的性活動越不會看重，進行的阻止也越少，還有一個可能，無論是青春初期早者的積極模式，還是晚者的消極模式，都是由個體日後的生活所塑造的。僅是它們延續的時間如此之長這一點，就可能依賴於心理學習與所處環境。

初始年齡與釋放途徑

　　青春期初始早者較高的頻率並不是均勻地源於全部的6種途徑，幾乎全部是透過自我刺激、非婚性交和同性性行為來實現的。

自我刺激

　　人們在16歲以前，青春期初始早者90％有自我刺激行為，晚者僅為60％。16～20歲期間，早者比晚者多10％～15％，整體來看，早者中近99％的比例至少有過一次自我刺激，晚者中為93％。16歲以前，早者的頻率約為晚者的2倍；16～25歲期間，早者仍約比晚者高50％～60％。倘若只是將有此行為者的頻率計算其中，則任何年齡段中早者都要高於晚者。

非婚性交

　　人們在16歲之前，青春期初始早者的非婚性交發生率約比晚者高68％～112％，其頻率約比晚者高186％，在而後的各年齡段中，繼續維持較高水準，比後者高出50％～75％。

　　在現在接受過大學教育的人中，16歲以前就發生非婚性交的，在青春期初始早者中佔11.8％，晚者為7.0％。16歲以後各年齡段的情況也與此類似。整體來看，年齡在30歲且受過大學教育的人中，青春期初始早者的95％都發生過性交，包括非婚性交和婚內性交；但晚者僅略多於80％。在此，將青春期初始早者擴大為15歲前的人，晚者僅指15歲後才進入青春期

的人。這些晚者結婚也較晚，從21歲起才開始有0.6％結婚，到27歲僅為37％，直至35歲仍然有20％左右的人未婚，甚至從未發生過性交。一般而言這類人的性格都很內向，而且害怕社交。

同性性行為

接受過大學教育而在其青春期前5年中便有過同性性行為的人中，青春期早者的發生率為晚者的2倍。整體來說，青春期早者有同性性行為的佔45％，晚者卻不足25％。除此之外，從青春期到至少25歲，早者的實際發生頻率也為晚者的2倍。因此我們可以這樣說，與佛洛伊德哲學中的伊底帕斯情結（戀母情結）相比，青春期早晚對同性性行為產生的影響重要多。

初始年齡與老年性釋放

在這裡，讓我們來探討青春期初始早的人到了晚年時性能力的情況如何？這是一個十分有意思的話題，他們到底會不會過早地喪失性能力呢？

我們的調查資料顯示：在年齡為50歲的在婚男性中，青春期初始早者幾乎全部都持續進行著性活動，不僅如此，他們的頻率也依然高於晚者20％。換言之，歷經了近40年的高頻率大量性活動後，他們生理、精神和心理方面的能力並沒有額外的損耗。相反，有一些晚者性能力已經持續衰退了5年左右，到50歲時性能力已經完全喪失。當然，這僅為少數種情況。不但如此，甚至還有一些相反的資料，在50歲以上的69人中，其頻率平均為0.30次，早者與晚者並無大的差別。

以上內容也許可以證明：性能力逐減和喪失是一個不可抗拒的必然過程，青春期初始的早晚對此影響並不大。或者說早者先前較高的性能力到此時與晚者基本處於同一水準。但是對該資料必須做出兩點補充：1.調查

人數過少，很可能會以偏概全。2.它至少可以證明，所謂「開始早就結束早、少時多老來就少」的說法是站不住腳的。

除極少數因病理或外部損傷外，實際上55歲以上男性的性無能最主要的是由心理衝突所造成的，其所佔比例之大，遠非常人所能想像。這類男性的心病絕大多數在少年時期便埋下了種子，可以一直潛伏到它們似乎再也不該出現的年齡段。例如，新婚時對自己某些婚前的性行為的苦惱，或對馬上到來的婚後性生活的擔憂，很可能會到夫妻兩人都已經白髮蒼蒼，相依為命之際，才會重新爆發出來。此外，有一些老人對性無能過度恐慌，因而在心理上形成焦慮，進而引發性無能。當然，產生性無能的重要原因也不排除漫長的人生旅途中所積澱的心理疲勞。

結論

綜上所述，我們可以得出如下結論：

1.青春期初始較早的男性，其性活動開始得也較早，這兩者幾乎是在同一時期內發生的，在而後的至少35～40年間，他將一直保持較高的性活動頻率。

2.對他們青春期初始最早起促進作用的那些因素，在而後的35～40年間，仍然會繼續發揮作用。

3.運用多種性能力的做法並不會對男性造成損害，這一點也被那些已經這樣做並且以總人口中最高頻率這樣做的人所證實。雖然在理論上，人們可能會設想：高頻率的性活動會給身體帶來物理上的損耗，或導致疾病，或造成其他障礙。但是，從我們實際調查的記錄來看，類似這種擔憂完全是不必要的。

4. 對青春期初始晚的男性來說，其性活動一般開始得更晚。無論年輕時還是一生當中，他們的性活動頻率都是最低的。倘若他們有意降低自己的頻率，希望達到養精蓄銳的目的，以留待日後之用，他們日後再也無法達到滿意的狀態。大多數低頻者很可能從未達到過更高一點的頻率，並且很可能永遠也無法使自己的頻率與那些青春期初始早者一樣高。

5、一般來說，青春期初始最早的男孩發生自我刺激的數量也最多。有趣的是，這種做法並不會對他們在社會上的性交往產生影響，其突出表現就是，在他們身上發生的非婚性接觸也最多。無論是在異性性關係中，還是在同性性關係中，他們的性活動頻率都比那些青春期最遲的男孩高。

可以確信的是，青春期初始較早的人一般是社會生活中那些表現得朝氣蓬勃、主動性強、聰明機智，活潑好動、性格外向、善於社交，或者具有較強侵犯性的個人。我們的調查結果顯示，青春期初始早的人中，有53％就是如此描述自己的個性和經歷的，而青春期初始晚的人中這樣描述自己的只有33％。相反，在青春期初始最晚的人中，將自己描述為遲鈍、喜歡安靜，神態溫和，缺乏動力、自我克制、羞怯、寡言少語、內斂、或者不適應社會的人有54％；而青春期早的人中這樣描述自己的僅有31％。當然，也有部分被調查者無法將自己的個性描述清楚，並且即使所有當事人的講述都是真實的，也不能將其等同於他們在青春期初始時的個性的原狀。此外，個性與性活動頻率之間的相互作用關係也不是一成不變的。綜上所述，我們並不能據此做出定論。

青春期為什麼開始得早晚不一呢？倘若未來科學能夠確切的為此做出解釋並且控制它，人們一生的性過程是否會受到人為的影響？這個問題也許更應該得到父母和醫生的關心。

第七章

婚姻與性釋放

　　在諸多影響性活動的社會因素中，發揮最大作用的很可能就是婚姻狀況。它既對頻率產生影響，又能對性釋放時所要透過途徑的種類和量的多少發揮作用，因此我們必須對它進行深入分析。

婚姻是社會和法律對性的限定

一直以來，人類所有的社會哲學和宗教哲學都在不停地對性進行定義，並以此為據規定性目標。

其中最主要的有以下幾種類型：第一類將性活動規定為追求即時快樂的結果，但這種類型在當今時代已很罕見了；第二類認為性活動本質上只是生殖的必然過程，只能在婚內進行，並且必須以生殖為目標才能進行，基督教的性哲學和英美的性法律都是這樣的，它們都是以古希臘和古羅馬的某些禁欲苦行主義哲學為基礎的；第三類將性活動視為一種正常的生物本能，無論其具體表現形式如何。不過在一般人的觀念和科學研究中，這類定義只有為數不多的信奉者。在英美社會的現行標準下，倘若有人持有第三類性態度，就會遭到人們的斥責，因為他們認為這是一種原始的、唯物主義、動物主義的態度，是文明而有教養的人們所不齒的。在這種氛圍中宣導這種生物學觀點是十分艱難的，因此在所有生物學家中，佛洛伊德所做出的貢獻是無與倫比的。

英美社會道德準則依據的就是性的目標是生殖這種觀念。在該道德準則的約束下，社會中的性活動嚴格地局限在婚姻的範圍內，甚至連婚內性交的時間和地點也有相應的規定，因此必須運用一些特定的性交技巧才更易於受孕。在這種社會管制下，未婚男性、鰥夫、離婚者根本找不到任何性釋放的機會，因為他們所進行的性活動並不能使其後代合法化。

同性性行為和無異性的自我刺激是不被人們所容許的，因為這樣做完全沒有生殖的可能。倘若真的有人這樣做，公眾輿論的矛頭就會一併指向他，譴責痛訴他，法律也會出來鎮壓和懲罰他。

　　特別是在英美法律中，非婚男性的任何性活動都被一概禁止。一切婚前、婚外、非婚、喪偶後的性交，都被認為是強姦，強姦幼女、未婚私通，已婚通姦、賣淫、亂倫、少年犯罪、暴力姦汙和人身攻擊。諸如此類的一切活動都被視為損害社會的下流和墮落的犯罪行徑，無一例外要受到法律的制裁，這不僅包括美國各州的成文法律，而且在實際生活中，倘若案件涉及性問題，法庭就會毫不留情地將那些成文的法律拋到一邊，按照某種習慣法來審理和判決。

　　除了上述異性性行為外，無論是成文法還是習慣法，對同性性行為和與動物發生的性行為都將嚴懲不貸。對於兩種法律都禁止運用的某些性技巧，即使婚內夫妻也是不被允許的。口與生殖器接觸和口與肛門的任何接觸，也都被視為犯罪，要嚴厲懲處。

　　如今，在某些法庭看來，青少年中逐漸流行的愛撫行為是敗壞社會道德的行為，甚至是強姦和人身侵犯。在公開場合進行的任何性活動，甚至包括與他人無關的自我刺激，或者被動地觀看性活動，都會被視為教唆青少年犯罪或損害社會的下流行為而遭受懲罰。

　　有些法庭還對自我刺激的個人權利加以限制。至少有一個州的成文法將它列為犯罪，並且按照雞姦懲罰，即1905年頒布的印第安納州法律第473條。依據這條法律的解釋，任何一個教師、生物學家、心理學家、醫生，或其他從業者，只要在其出版物中論述自我刺激不會對身體造成損害，都會被認定為教唆他人手淫罪。同時成年人對青少年進行的性教導也一直被

視為違法，並且實際上確實有一些法庭認為無論哪種性教育都是在教唆青少年去犯罪。國家控制的監獄，感化院和精神病院比法庭還要更離譜，它們經常對自我刺激者施加包括肉體懲罰在內的額外懲處。我們的調查發現，對夜夢射精這樣和平常的事情來說，至少有兩家這樣的機構會施加嚴屬的額外懲罰，其程度與自我刺激是一樣的。美國海軍軍事學院在1940年6月頒布的條令中規定：凡有自我刺激經歷的報考者，一律不予錄取。實際上，如果從我們調查的真實情況來看，這所學院就沒有學生了。

對於性變態的定義，某種程度上依據的也是這樣的觀念：性是只為生殖而存在的，反同性戀的法律就更不用說了。

基於同樣的理由，教會強烈反對避孕和人工流產。他們既反對婚內性交時避孕，也積極駁斥非婚性交時避孕，理由就是非婚性交屬於非法行為，即使主張避孕和人工流產的醫學和優生學著作的論據和邏輯前提，也仍然建立在任何性行為只具有生殖價值這個觀點之上。

除了成文法和習慣法之外，實際生活中廣泛存在的社會道德戒律對人類性行為頻率和一般模式都會產生巨大的影響，甚至超過成文的法律。法律條文無法詳述和限定的細枝末節，往往由道德戒律作為補充，在人們中貫徹實施。群體的性態度悄無聲息地轉變為個人的「自覺」，當事者卻還以為是自己聰明智慧的產物。每一種性行為都被賦予了道德的價值，其評價標準也變成對的或錯的、對社會有益的或無益的，性活動的時空陷入道德價值的苑圍之中。

在衛生學的掩蓋下，性欲滿足的要求完全被肉體純潔的神聖教義所壓制。一大堆文明禮貌的繁文縟節被加諸到發生性關係的男男女女身上。這樣一來，男女雙方不得不顧及到各方面：倘若結成性關係會給對方帶來什

麼影響？會給今後的性活動，婚姻或事業帶來什麼影響？會給自己現在或今後的身心狀況帶來什麼影響？

衡量這一切的標準無一例外地都是個人所接受的社會道德準則，而不是科學分析。不必其他人或其他因素插手，他們自己就已經降低性交或發生其他性行為的機會。對那些未婚者、鰥夫、分居者、離婚者來說，這種束縛就會更加緊固。

社會限定的效果

對性進行嚴格限定的文明已經延續了2000年，人們當然有理由認為，那些處於非婚狀態的男性的性釋放頻率，應該遠比在婚的男性要低。人們一直期望單身男子，至少其中的一大部分應該過著禁欲的、完全貞潔的生活。

確實，整體來說，在婚男性的性釋放頻率一般地比單身男子高。16～20歲的單身者平均頻率為每週3.3次，而在婚者則為4.8次，高於單身者47％。到了30歲，在婚者仍比單身者高出18％。

與此同時，這些資料也顯示，雖然單身者有很少的性釋放，但是並非完全不存在。事實上，每個單身者都有著規律的性活動和頻率。在我們調查的5000多個單身者中，僅有1％的人在5年內連1次性高潮都沒達到過。

在30歲之前，單身者的性釋放頻率比在婚者低，這種情況確實是社會限制的結果。但是，這種限制並不是在任何地方都具有絕對的效力。這一點具體表現為兩個方面：

第一，單身者在不得已的情況下掌握了更強的社會交往技巧，這是對直接性交受局限的一種補償，也是突破局限達到性交的一種方法。和一個路過的女孩搭訕，彼此訂下一個簡單的社交約會，在其後的幾分鐘之內很快就可以提出性交的要求。這一點對大多數在婚者來說是不可能做到的，而且隨著受教育程度的提高其可能性越小。單身者尋找適宜性接觸

場合的能力和技巧，遠遠高於那些將自己關在家裡的在婚者。特別需要注意的是，在婚男子中雖然尋求婚外性交往的為數不多，但是大多數都會被單身者這種不自由中的自由所吸引，為他們的社交技巧所傾倒。那些同樣是被在婚男子膜拜成為偶像的，在性的社會交往中那些有如神話般的騎士大多都是單身者。某些在婚男子深受他們的感染。請關注一下那些男性同性戀群體，一開始他們都是單身者，其目的在於衝破社會無形的限定，因此在這種群體中，長期結合的關係是很罕見的，人們總在不停地尋求新的對象。但是其間也不乏在婚者，他們長期以來苦於沒有發展社會交往的能力，終於加入這個群體之中。

第二，原本社會對單身者性活動做出的限定是不分年齡大小，一視同仁的。但隨著年齡的增長，單身者迫不得已培養起來的社交能力和技巧卻日漸精進。這就導致了單身者年齡越大，其突破社會限定的程度也就越高。16歲以前，單身者的性釋放頻率每週僅為2.0次，16～20歲時就已升至3.3次，而30歲單身者的社交能力越來越成熟，因此他們與在婚者的頻率差距，便從十幾年前的47%減少到後來的18%。在以後的歲月中，在婚者由於受所處環境的影響，其頻率有逐漸下降的趨勢，因此在35歲以後，雙方的頻率基本持平。到了40歲以後，單身者反而一改前狀，越居於在婚者之上了。這個變化趨勢告訴我們，實際上，在未成年人身上，社會限定發揮了最為強大的力量，次之主要是在婚者，而隨著單身者的個性不斷成熟，社會力量對其所產生的作用越來越少。人至中年以後，以往造成單身者與在婚者巨大差異的一切社會的、道德的、法律的因素將變得微乎其微，最終會讓位於年齡這個生物因素。

社會的婚姻制度對在婚男子的性活動做了嚴格的限定，唯有與妻子的

性交才是「正常方式」。但是，這同樣也不是什麼時候都完全有效。儘管其作用失效的程度不像單身者中那樣高。從整體上看，在婚男性的性釋放中，透過夫妻性交這個途徑的佔85％。大多數人都會感到驚訝，這樣比例它竟然這麼低，而在人們的期望或信念中它所佔的比例應該是100％。人們無法相信，美國的那些看起來道貌岸然的丈夫們，竟有15％的性活動是與其妻子不相干的，其中包括自我刺激、婚外性交和同性性行為！

其實真實的情況並不僅如此，16～20歲，夫妻性交所佔的比例為81.4％，直到45歲才達到88.3％，並且在以後的年齡段中又不斷下降。這說明，人們普遍認為只有夫妻性交這種釋放途徑的兩個時期——新婚燕爾和老來相依，正好是其他性釋放途徑最為活躍之時。

在人們的心目中，社會下層的夫妻發生的婚外性交最多。然而，我們的調查結果顯示，實際情況並非如此。在社會各種人群中，正好是接受學校教育不足12年的人與妻子性交的比例最高（95.5％）。相反，在那些受過高等教育的人中這個比例最低，僅為61.9％。

一夫一妻制最反對的就是婚外性交。但是整體來看，美國的丈夫們以此作為性釋放途徑的僅佔5％～10％。16～20歲的丈夫們，37％發生過婚外性交，50歲的丈夫們，這個比例仍為30％。

人們一直都認為，妓女的目標群體都是單身男性，對在婚男子來說，多次或長期嫖妓是不必要和不可理解的。但是，在我們的調查中發現，這類人群嫖妓的發生率雖然遠低於單身者，但是其年齡差異的變化規律卻與單身者相差無幾。16～20歲的在婚男性中，與妓女性交的佔婚外性交的10.8％，按照年齡向下推進，以5年為期，依次增至11.1％（25歲），16.5％（30歲），17.6％（35歲），到55歲時達到22.3％。

而同性性行為的情況卻在人們的預料之中，主要發生在單身男性中，其發生率隨年齡增長而提高：16歲以下最低，為27％，36～40歲為38.7％，至50歲約為50％。在婚者中，21～25歲的發生率為10.6％，但是此後就逐年降低，45歲時只有約2％，再往後則更少。但是，所有這些在婚者資料很可能偏低，因為通常情況下，許多美國的丈夫就連婚外性交都不肯透露，更別說那些為社會所不齒的不道德的同性性行為呢？許多單身男性都表示，他們的同性性行為對象是年齡很大而且很有社會地位的在婚男子。有這種說法的單身者在20歲以下的人中佔28.3％，在31～35歲的人中佔10.8％。這從另一個方面證明：同性性行為在中老年在婚男性中的發生率很可能大大高於我們調查所得到的的百分比。

　　言而總之，社會以婚姻作為限定性活動的一種手段並不能完全奏效。一個人所處的場景只要具有足夠性刺激，尤其是富有浪漫色彩而又極為安全時，他就會產生性反應，並且發生性活動。在這一點上，單身者與在婚者別無二致。但是，在具體釋放途徑的選擇上，以及某種釋放途徑的使用頻率上，婚姻制度還是產生一定作用，至少將在其範圍內外的兩種人進行區分。但這種區別不是唯一的，也不是絕對的。無論社會和法律對婚姻的權利與義務進行怎樣具體的規定，影響人類性釋放最主要的因素還是年齡。

曾婚者的性釋放

曾婚者，指結過婚但目前卻不與妻子生活在一起的男性，包括喪妻者、離婚者、分居者等等。

我們曾對433名白人曾婚者進行調查。對曾婚者來說，一般同時具備單身者和在婚者的某些特徵，這對瞭解人類性行為具有很高的研究價值。但是，接受我們調查的人數過少，因此對曾婚者做出詳細的分層分析是不現實的，同時也不能以偏概全地推算出全美國的情況，下列資料只能大致顯示一些傾向。

曾婚者的整體性釋放頻率，在16～30歲這個年齡段中，比在婚者高85％～95％，比單身者高40％～50％。但是過了30歲之後，其頻率的下降速度也更快，只為在婚者的69％～76％。也就是說，在30歲以後他們的頻率就比單身者低。

一般而言，曾婚者都是在有妻子陪伴時便放棄選擇自我刺激，而在失去配偶後又會重新開始這種性活動。他們的發生率在16～25歲時為單身者的56％，至45歲時只相當於單身者的33％。但是，這仍然高於在婚者。曾婚者自我刺激的頻率只相當於單身者的約25％～至50％，即使如此也仍比在婚者高一點。

在全部途徑中自我刺激所佔的比例，曾婚者為17％～36％，約是在婚者的2倍，但這僅為曾婚者自己非婚性交所佔比例的1/2～2/3。

在單身者、在婚者和曾婚者中，夜夢射精的發生率相差無幾，但是相較而言，單身者要稍高一些。在40歲以前，三者均在53%～81%之間，但到了40歲之後，反而是單身者的頻率下降更快一些。在50歲之前單身者就已經達到最低點28.2%，曾婚者於55歲之前則降至26.2%。在婚者則到了60歲才降至28.4%。

所有異性性交的總頻率和總發生率的情況是：曾婚者低於單身者，卻高於在婚者。有趣的是，年輕的曾婚者往往只接近於在婚者，而年長的卻與在婚者相當。這就說明男性一旦對婚姻所帶給他的異性性交有所熟悉，這就會成為他們終生性釋放的主要途徑，可以佔全部途徑的80%～85%，即使失去配偶，這種狀態也不會改變。再者而言，幾乎所有男性，大約95%，一旦對異性性交十分熟悉之後，就會將社會和法律為維護婚姻制度和禁止婚外性行為所制訂的一切準則和戒律拋到九霄雲外。

說到底，一切所謂的約束都是不足為懼的，唯有年齡，才是最終減少個人性交的關鍵因素。這就再一次說明，長期來看，在決定人類的性行為模式方面，任何人為制定的規則和戒律都遠不及生物因素所發揮的作用大。

總而言之，曾婚者並沒有遵守社會的要求，過上沒有性活動的生活，而是延續著當年在婚時的生活。他的自我刺激和夜夢射精相較來說會稍多一些，如若年輕，其同性性行為也會略多些，但是他們80%的性釋放仍然會選擇透過異性性交來解決。然而，女性曾婚者的情況與此大為不同，她們絕大多數不會去選擇性的社會交往，而是過著一種長期的、沒有性喚起和任何性行為的生活。

在諸多影響性活動的社會因素中，發揮最大作用的很可能就是婚姻狀況。它既對頻率產生影響，又能對性釋放時所要透過途徑的種類和量的多少發揮作用。

第八章

社會地位與性釋放

　　人類的性行為是自身遺傳和生理構造的產物，是一個人從前的經歷與感知狀況的產物，也是其所處環境內外諸因素共同作用的結果。

　　人類是一種具有高度發達的中樞神經系統的高級生物，對這個物種影響最大而且最重要的外部力量就是他所生存的社會環境，包括他的家庭、密友、鄰居、同事以及熟人。當然，也包括千千萬萬的所謂「外人」。雖然他與這些「外人」並不相識，但那些人的態度、習慣、觀念和行為共同構成某種文化形態，而他就是在這種文化中生活和行動的一員。當然，社會環境並不能改變人的遺傳、生理構造、心理能力等生物因素的性質，但卻能對人的心理狀態產生不小的影響。

　　本章與下面幾章將要討論的內容是：個人的性行為模式與其所屬的社會群體的模式之間，到底存在怎樣的相互關係；群體的模式又是怎樣對個人的模式產生影響。

社會階層的劃分

從我們得到的資料來看，即使人們生活在同一個社區之中的不同社會階層，所表現出來的性行為的群體模式也大相徑庭，其差別甚至有如動物世界中的不同物種。因此，性行為的「美國模式」根本是不存在的。我們最多也只是對社會中的不同群體的不同模式進行總結，以期更加深入地瞭解整體美國人的性道德。

我們主要依據以下面三條標準對社會階層進行劃分：1. 截止到我們調查時，所調查對象的受教育程度，這主要是指他在正規學院中就讀年頭的多少；2. 他的職業；3. 當他與父母一起生活時，父母的職業。

在對社會進行分層中，受教育程度是一個既簡單又準確的標準，一般而言，在人們的一生中，這一點是基本不變的。當然，在校生由於其受教育程度尚未最終確定，因此他們是例外的。有些人的社會身分與等級會因為意外情況而改變，例如傷病者和中彩券者，如果仍然用受教育程度這個標準來對其進行分層，顯然是不太合適的。

職業內部的分層依據的並不是行業或門類，而是其社會地位、收入水準及其所受的評價，一般來說，職業共分成九個等級：

0. 受贍養者
1. 社會底層
2. 零散工

3.半熟練工人

4.熟練工人

5.白領工人下層

6.白領工人上層

7.專業人員

8.領導者

9.極端富有者

從以上的分類中，我們可以看出這9個等級的劃分標準非常含糊，只能藉助於過往的經驗或其他社會組織，如工會或學會的成員界限來加以確定，因而這種分類的精確程度不如以受教育程度作為標準進行的劃分。

但是，受教育程度往往對個人所能從事職業的等級具有決定作用。我們透過對從業人員受教育程度的平均年數進行計算，結果發現：零散工為6.2年，半熟練工人為7.6年，熟練工人為8.6年，白領下層為11.8年，白領上層為15.7年，專業人員為19.2年，領導者為17.8年。以此看來，按受教育程度分層研究性行為的結果，通常會接近於按職業分層的研究結果。

除此之外，按職業等級所做的分層，也為我們提供了考察個人的階層屬性的動態變化，瞭解這種歸屬變動如何對其性行為產生影響的唯一途徑。對於那些尚未走出家門獨立就業的青少年，我們唯有按照其父母的職業等級來對其進行劃分。那些剛剛步入職場的年輕人，目前的職業也許不是他們所認同並願意從事的，他們極有可能希望並確實從事另一種「最終職業」，獲得另一種社會身分。因此，目前職業的要求和行為準則對他們來說可能並不具有約束力。按照職業分層的論述對這兩類人來說，就顯得缺少科學性。也正因為如此，以下我們所說的職業等級一般包括當事人父

母的職業和當事人獨立選擇和從事的職業兩方面的內容。

當事人的受教育程度和職業及其父母的職業，大體上就是構成社會階層分界線的三大要素。社會階層原本就是一個模糊不清的概念，但是我們卻不可否認，它在現實中是客觀存在的，而且發揮著巨大的作用。

在美國這個民主社會裡，人們通常都會對社會階層一說加以否認，因為美國目前並沒有對進出任何一個社會階層加以禁止或阻止的法律規定或有形障礙。但是，事實上能真正自由地做到這一點的人只是鳳毛麟角，大多數人都會一成不變地歸屬於某個階層。每個階層都會組織自己的共同體，並且創設自己的象徵以與其他階層相區別。雖然，在工廠裡工作時，經理和藍領工人摩肩擦背，醫生對富翁和失業者都盡心盡力一視同仁，教授也會與計程車司機笑臉相對，但是他們其中的任何一方都不會成為對方的座上客。因為，他們維繫他們之間關係的只是事務的往來，他們並不會成為真正的朋友。

個人的經濟狀況並不是決定其到底歸屬於哪個階層的唯一標準，例如：工人比中學教師賺的錢多，但是前者卻屬於藍領階層，後者卻是白領階層。有儲蓄的教師和欠債的教師同樣都屬於同一階層。其實，社會對某個職業的認可和讚賞程度在這裡面產生很重要的作用。因此，我們應該綜合考慮經濟收入和受讚賞度所發揮的作用，再對職業等級加以劃分。

所處於不同社會階層的人，在衣食住行方面所採用的方式是迥然不同的，這些已經為人們所知曉，但人們對性行為模式在不同階層中存在的差異卻持有忽視或否認的態度。我們在下面所做出的分析中將揭示這一切，以使人們對我們的性文化有更深的認識。

不同的發生率與頻率

我們將受教育程度分為如下三層，一層為高中以下，即0～8年；第二層為高中，即9～12年；第三層為大學，即13年以上。其中，受教育程度每差一年，其情況肯定會有所不同，但是必須承認，我們所調查的中學程度的人數還比較少，尚不足以按年來劃分；而調查對象中，受大學教育程度者的數量足夠，但是在本書出版時其統計分析工作尚未完成，因此上述兩者都只能付之闕如。在職業分層中，只對第2、3、4、5、6、7級進行討論，而0、1、8、9級因為調查數量不足以按照6種釋放途徑來劃分，故在此略去。

整體釋放情況

在所有年齡段的單身者中，總釋放頻率最高的往往都是那些只有高中學歷，即受教育程度在8年以下的人，只有在16～20歲這個年齡段中，總釋放頻率最高的才是那些上過高中的人。也就是說，這類人群比那些國中畢業就就業的人要高出10％～20％，又比那些受過大學教育的人高20％～30％。這些人平均每週性釋放3.53次，他們是任何年齡、任何學歷的單身者中頻率最高的。

當然，這種現象並不是學校的管理和教育的結果，兩者之間也不存在任何關係，因為即使在同一所兼具國中和高中的中學裡，他們的頻率也各

不相同。其原因主要有以下三個方面：首先，其中必定有某些來自於其出身背景的因素在發揮作用。其次，16～20歲這個年齡階段，正是人們身心兩方面的能力同時快速增長的時候，其中的某些成份也正好與他們到目前為止所受教育過程相吻合。第三，許多州都制定了成文法強制16歲以的下少年走進學校，然而當他們讀到高中一、二年級就已經超過16歲，因此這時候會有大量高中生退學去工作。他們加入的那些社會群體，向其傳授的是完全不同於學校正規教育的性價值觀。當然，其中所涉及的更深層的原因還有待深入研究。

在單身者中，頻率最低的是那些上過大學的人。20歲以下的頻率為每週2.70次，30歲以下為2.49～2.57次，僅相當於最高頻率的70.5%～76.5%。我們都知道，受過大學教育的人之中，身體和智慧較差者相對較少，而這兩點在低學歷者中卻表現得較多，這會使低學歷者的平均頻率有所降低。因此，倘若按照大學生的身心標準，將低學歷者中的高素質者單獨抽出來，再與大學學歷者進行比較，雙方的差距還會擴大得更多。

不同受教育程度對在婚者頻率的影響非常類似於其對單身者的影響。在婚者中的最高頻率者，同樣是上過高中卻沒有上過大學的人。16～40歲的各年齡段的情況也是如此。

由於45歲以上各年齡段的人數過少，不能做出詳細分析。但依據前面各章所有的統計資料可以認為，基本上所有人，直至中老年時期都無法擺脫青少年時代所形成的模式，以此我們可以推斷，在老齡人口中，仍是高中學歷者的頻率高於大學學歷者。綜上所述，具有高中學歷的人比高中以下學歷及大學學歷的人要分別高出約10%和20%。

按不同職業等級與按受教育程度來對性釋放頻率進行考察的結果大致

相同。不管是出於哪個年齡段，頻率最高者都屬於第3級，即半熟練工人。無論其父母職業的等級是3、4還是5，第3級職業者的頻率都相差無幾。他們的教育程度大部分都是高中以下，幾乎沒有一個高中畢業生。

各職業等級中頻率最低的為第4級，即熟練工人。通常情況下，白領階層，即5、6、7級，其頻率偏低，但其中的專業人員，即第7級卻又是最高的，而他們一般受過17～20年的學校教育。

對性技巧的態度

不同的社會階層對性的態度也截然不同，這主要表現在他們都有各自不同的性興趣、對裸體所抱持的不同態度，以及在性交中運用的不同技巧。

性刺激的來源（性是由什麼所喚起的）

具有較高社會階層的人，他們可以透過多種途徑和方式來激發性欲，即性喚起。因此他們的婚前性交和婚外性交所佔比例最少。與此相反，較低社會階層的男性，幾乎除了性交中的直接肉體刺激以外，其他活動已經很難使他達到性喚起。因此，無論他們的婚前性交還是婚後的婚外性交都很多。這一點到底是不是或者在多長程度上是由於不同的心理素質或不同的道德模式所造成的，還不能確定。上層男性受其所處生存環境限定，一般很難結成他們所追求的性的社會交往關係，這一點也許可以幫助我們從心理上解釋他們為什麼要更多地從較少的有實際性交的性活動中獲取性刺激。處於階層下層的男性幾乎不必為此擔憂，想要多少性交就能實現多少，這使他們對性交之外的任何其他性刺激不再那樣感興趣。

上層男性的另一個特點是，他們更多地以視覺的方式來尋求非真人的、非實際的性刺激。他們將對女性的性欲轉化為多種形式，把同性戀對象幻想成女性形象，看脫衣舞、色情小說、愛情文學、愛情電影、動物交

配、虐待狂或受虐狂文學。在這些方式中，閱讀性文學作品與觀賞性圖片或同類物對他們來說是最為普遍且最常用的。但上述所提及的任何一項對大多數處於較低階層的男性來說，都不會成為重要的性釋放途徑。在他們看來，一邊看性圖片或性文學，一邊進行自我刺激，以及諸如此類的不實際的性活動，才是最匪夷所思、最嚴重的變態行為。

不同階層的這種差異都具有根深蒂固的心理根源，其中傳統觀念所發揮的作用十分突出。每個階層中都存在某些道德戒律，或者至少在思想觀念層面上，對性喚起的特定場景有所規定，允許或者禁止。大學校園中的男生談論的話題經常是女性，他們認為因此而產生性喚起是一件十分自然而有必要的事情。同性戀者或對此抱持反對意見的異性戀者會認為，像這樣聚眾在公開場合如此洋洋得意地大談特談某個女人的做法，多少有些虛偽造作。當然，女性也是下層男性的話題，而且比前者更多更經常，不過他們卻很少會因此而產生性喚起。甚至，他們還會將那些因此引發性欲的人視為不正常的。諸如此類的活動方式時間一長就成為習慣，並且成為對性喚起的不同態度準則。

對裸體的態度

目前，很多文化都對人們在公開和公共場合裸露身體的某些部分或全身的行為加以禁止。這可能與氣候有關，但是也好像無關。中美洲印第安人下山到平原去進行交易時，就會脫去衣服，其原因可能因為熱，但是墨西哥南部炎熱地帶的印第安人把自己包裹得嚴嚴實實，而在北部最冷地區生活的印第安人卻近乎裸體。除了傳統，恐怕無法對此做出解釋。穿衣的習慣更多地來自於對裸體的禁忌，並不是對衣物的運用。

英國人以衣遮體的嚴密程度在世界上是最高的，而美國人則完全繼承英國人的這種傳統。美國人到了歐洲，看見在法國夜總會裡的裸體表演或德國的裸體主義運動，就不分青紅皂白對法國人和德國人一頓說教，批評他們道德低下。其實，這只是程度不同而已，在美國的夜總會也同樣有諸如此類的裸體表演，只是不像法國那樣允許自由地全裸體。裸體主義也同樣被德國鄉村地區的公眾輿論和司法當局視為下流的色情。當然，美國對裸體的管制的嚴厲度，還是值得驕傲的。儘管英美法律六、七百年來一直想對「下流暴露」制定一個明確的標準，以防這種行為的蔓延，可直到今天，無論在藝術作品、美術院校中，還是在攝影作品、雜誌、書籍中，對人體裸體進行描畫，仍然無一例外地不被任何法律所允許。從19世紀90年代至今，公眾輿論依靠政治行動，一直以來都在永無休止地要求人們洗澡時應該穿什麼樣的衣服。直到最近的10年內，至多不超過20年，在公共游泳池和海灘等場合，男性才有權利只穿游泳褲而不穿上衣。

　　在美國，對裸體的禁忌甚至要比對某些性活動的禁忌還嚴。在美國電影中經常出現的在公共場合接吻的鏡頭，在許多其他國家被認定為是最不道德的。與此相反，在拉丁美洲的電影中，卻可以完全展映任何全裸體的藝術品，並且被允許在任何公開場合放映，但是那種好萊塢式的接吻鏡頭卻必須被剪掉。其原因很簡單，他們認為裸體具有藝術價值，公然接吻則不具備，這種觀點與我們美國人的情況則正好相反。

　　隨著時間和地點的不同，對裸體的禁忌也會有所差異，例如：泳裝不可以在任何其他場所穿著；中午的時候，女人可以露出胳膊，但是同一場合的晚會上卻必須戴上長手套加以遮掩，反而是整個背部可以裸露。在美國，有一些拉丁美洲人聚居的城鎮，在那裡的公共建築中，無論天氣多炎

熱，人們也不能將襯衫袖子捲到肘部。然而在大街上，無論男性還是女性都可以裸露上身，還可以一起到附近的小河裡全裸洗澡。這不是什麼稀奇的事，它們多得不勝枚舉。

但最使人驚訝的是，生活在同一個社區的不同階層的人，對裸體持有的態度也有著天壤之別。當今時代的上層人士，要比他們的上一代有更多更經常的裸體行為，並且比下層人士也多得多。在越來越多的上層家庭中，異性成員包括父母與成年子女在內，他們可以在換衣服和洗澡時公然全裸。在睡眠時經常保持裸體的，在大學程度者中佔41%，高中程度者中佔34%，高中以下者中則僅為16%。在上層人士中，女性裸體睡眠者的比例雖稍稍少於男性，但也已經相當高了。

自己亦要赤身裸體，這一點可以說已然成為上層男性在性交時所必需的條件，佔90%。他們甚至無法理解，在性交時男人怎麼可以穿哪怕一點點的衣物呢？但是在中下層人中這卻是不爭的事實。裸體性交者在具有高中學歷的男人中佔66%，而在高中以下者中僅佔43%。

一些社會學家認為，下層人由於其居住環境十分擁擠，為了擋住同室而居的其他家庭成員的目光，因此只能著衣進行性交活動。其實並非如此，這主要是因為裸體在下層人士看來是有傷風化的，是下流的。無論在外人面前裸體，還是在積極配偶的面前，同樣都是下流的。因此許多下層年長的男女，一輩子也未與對方赤身相見過，對此他們卻感到非常自豪。但是，在下層的新一代中，這種態度已然發生很大變化。無論是在勞作中，還是上街或其他公共場所，年輕男子赤裸上身的漸漸地多了起來，裸體睡眠和性交活動也逐漸增加。但是在此方面，社會傳統的影響力依然十分強大。我們調查中的一些下層青年，曾經與數百個女人有過性交。但有

時他們卻會拒絕與某個女孩性交，原因在於那個女孩「竟然在性交前脫光自己的衣服」，因為「她太下流了，我無法跟她性交！」

手摩刺激對方

在上層人士中，男女之間以手互相刺激的情況更多些，從事此種性活動的男性人數要多於女性，他們認為，即使是在直接性交時女性也仍需要手摩刺激。手摩遍及女性身體的各個部位，其發生率為90％～96％，因部位不同而不等。但女性的實際反應卻不是這樣的。低階層女性的性高潮頻率要遠高於高階層的女性，雖然低階層男性使用手摩方式刺激對方的只佔79％～75％。低層男性中的很多人都有這樣一種觀點，認為「正常」性生活中唯一基本且正確活動非插入莫屬。

口刺激（主動與被動）

許多上層男性中都覺得口刺激是十分自然且具非常有必要性的性活動，是做愛過程中的最基本的。具有大學學歷的人也許親吻過數十個女性卻沒有和其中任何一個發生性交。但是，低層男子卻很有可能與數百個女性發生性交卻沒有親吻過其中任何一個。在低層男子看來，口刺激是骯髒、猥褻的或會使「病從口入」。雖然他們這樣認為，但是與此同時，他們卻照樣用公共杯子喝水、用公共餐具吃飯。這實際上只不過是古老的禁忌被理念化後在口唇上的應用，除了民俗學者，和其他奉行此律的人，他們實際上也不知道自己為什麼要這樣做，反而是上層男士首先復歸這種基於生物本能的行為。

此外，一般來說，下層男性對女性的軀體往往興趣並不大，自然缺乏去觸摩它的衝動。不僅如此，他們甚至還覺得口刺激是一種十分丟臉、

變態的行為，因為這種行為只發生在嬰兒和母親之間。實際上，口刺激在人類的許多文化中不但受到允許和鼓勵，還被視為一種宗教義務或宗教服務，口與生殖器接觸更是如此。

雖然目前已經有很多人對口刺激的態度發生轉變，但整體的禁忌至少在三代人以內還是依然如故。除了配偶以外，賣淫者也可以為對方提供口刺激服務。但值得注意的是，大多數賣淫者出身於較低階層，因此在她們之中很少有人願意提供這項服務。就算營業時不得已做了，當與自己的男朋友性交時，卻幾乎不會有人這樣做的。在私生活裡，即使是身為妓女，也不願對自己所屬社會階層的道德標準有所背離，雖然她們為了錢什麼事情都能做得出來。

性交體位

在英美文化中，在任何一個社會階層中都存在一種共同而普遍的觀念，認為符合生物本能的性交體位只有一種，其他一切體位都是人們臆想出來的，可以視之為變態的活動。人們堅信世界上所有人都必然只會運用這種體位。人們無法想像，性交體位也會像語言和衣著一樣，只不過是人類不同文化的產物。不僅如此，我們英美所通用的性交體位在世界各民族中是最為罕見的。這個結論由馬凌諾斯基於1929年就已經證實了。在古代文明遺留下來的幾千件描繪人類性交的藝術品中，幾乎沒有一件與我們的這種體位相一致。

我們的體位習慣深受歷史上的基督教會的影響。在西歐8世紀後和南北美洲16世紀後的這個時期內，教會曾經做出這樣的規定：運用任何其他體位進行性交都是必須懺悔的罪惡。因此直到今天，那種唯一的性交體位仍

被我們稱為「教會的姿勢」（即「男上位」）。

　　需要特別要指出的是，女上位乃是人類最古老的體位之一。在西元前3200年的美索不達米亞（即兩河流域），就有描繪女上位的圖畫遺留下來。那時，這種體位在古代希臘羅馬是非常盛行的，也常見於秘魯、印度、中國、日本的古代藝術品中。現在仍然有許多人出於一種理念化的恐懼而反對它，認為女上位顯示的是女性處於尊強的地位而男人則變得卑弱，這樣一來，會使男性的至尊地位及其在家庭裡的統治權被動搖甚至摧毀，於是他們就下了定論，任何一個容許使用這種體位的男人，都是因為他們具有同性戀傾向。更有甚者，不久之前有一位心理學家竟然堅持認為採用女上位的女人都會導致神經崩潰的發生，並且還會使婚姻終結。就連許多自然科學家也以這種理念為藉口，去捍衛他們的個人習慣。

　　讓我們用事實說話，根據調查顯示，無論這種理念有多麼強大，在實際性生活中，仍然有許多人採用著多種其他體位來進行性交，但是整體來說，上層人士較下層人士會更多一些。

性行為的不同社會模式

在任何一個社會階層中，所選擇的性釋放方式及每種方式的運用頻率因為個人的不同而不同，在不同社會階層裡的人自然更是如此。其間存在的差異之大，完全超乎我們的想像。

整體來說，差異性如此之大的性哲學究竟是如何形成的，我們還不得而知，但是我們至少可以更清楚地說明它們的現存狀況如何，並且為其記錄下每一階層的人怎樣認識自己的性活動模式。

自我刺激總情況

全體男性中有92％～97％曾有過自我刺激行為。倘若按照受教育程度來劃分，最低發生率為92％，是高中以下學歷者；最高的則是曾經上過大學的人。

在實施頻率方面，上過大學的人在所有年齡段中都是最高的。例如，在16～20歲的單身者中，上過大學的人幾乎是高中以下者的2倍，在21～30歲則為2～2.1倍。自我刺激是擁有高學歷的人群最主要的性釋放方式。它在所有途徑中所佔的比例如下：16歲以下為80％，而高中以下者只有52％；20歲以下者為66％，而高中以下者只有29％，直至30歲仍為46％，而高中以下者只有21％。

自我刺激的發生率在在婚者中也存有很大的差異。高中程度以下的

人，從20歲以下的28.5％逐降至45歲前的9％。但是受過大學教育的人卻與此不同，從20歲以下的63％上升至25歲時的66％和30歲時的66.4％，而後才顯現出緩緩下降趨勢，直到45歲時仍然會高達55.1％。

在婚者的實施頻率也是這樣的。高中以下者從16歲至45歲，頻率從0.11次降為0.03次。上過大學的人在這個年齡段中則從0.35次降為0.19次。自我刺激在所有途徑中所佔據的比例，高中以下者僅為1％～3％，大學學歷者卻是8.5％～18％。

與此相應的，在各種職業中使用自我刺激頻率最高的為第7級，即專業人員。該階層的人，在16～20歲時平均水準為2.2次，而藍領工人中下層，即2級和3級，平均水準還不足1次。

在低層中的老一代人看來，自我刺激是反常、變態的行為，甚至是在性社會交往遭受挫折後的瘋狂舉動。大部分低層男孩也只是偶然進行自我刺激，其持續時間一般也不過是幾個月或者幾年，只要他們有異性性交以後很快就會中止。很少會有人如此延續下去，他們都會為此感到羞恥。倘若被他人發覺，他便馬上會成為人們的笑料和鄙視的對象。人們會諷刺他，嘲笑他是因為不能與異性性交才不得已而為之的。當事人的社會聲譽乃至實際地位都可能會因此而一落千丈。

上層男性中的老一代，也很難像新一代那樣對自我刺激抱持寬容的態度。他們一旦有這種行為，往往也會陷入無盡的內心道德衝突中，這種「習慣」到底是對還是錯？他們不得而知。

最近的一、二十年以來，上層中的新一代認為自我刺激就像是找女朋友和求婚一樣理所當然，他們更多、更坦率、更公開地將自我刺激視為婚前性釋放的正當途徑，因此他們在婚後更多地繼續進行自我刺激。當然，

與他們門當戶對的妻子在這一點上也功不可沒，她們的性回應程度普遍偏低，但是產生決定作用的原因，還是在於他們婚前豐富的自我刺激經歷，以及他們開始異性性交時間較晚。

處於上、下這兩個階層的男性，倘若都能瞭解對方的真實情況，想必一定會大為吃驚並且百思不得其解吧！

異性愛撫

這種性活動不僅僅是發生在16歲以上的高中生和大學生之中，其發生率約為92%，高中以下學生有如此行為的人也很多，其發生率約為88%。當然，實際上能夠透過愛撫的形式便達到性高潮的卻沒有那麼多，並且在很大程度上會受到學歷的影響。僅僅以發生率而言，在上過大學的人之中高達61%，在高中學歷者中僅為32%，在高中以下學歷的人之中只有16%。

考慮到學歷因素的影響，在實施頻率上所產生的差異則更大。具有大學學歷的人與高中以下者相比，在20歲以前相差約3倍，21～25歲則差近5倍。愛撫在釋放途徑中所佔的比例，前者為5%～8%，後者僅1%～2%。

職業分層亦是如此。16～20歲中的第6級（即白領上層）和第7級（即專業人員）是第2級人員和第3級人員的2倍左右，到21～25歲時則上升為3倍。

最為上層社會性道德重視的因素，非於女性的婚前貞操莫屬。這種道德也同樣對婚前男性的貞操十分看重，只是嚴格的程度要稍遜一些。但是對婚前的親暱行為貞操戒律通常都會網開一面，因為在上層人們看來，愛撫可以讓雙方對某些相處的經驗有所瞭解，日後有利於婚姻的鞏固。愛撫

具有如下好處：在絕對禁止性交的場合也能發生，並且簡便易行；它還可以使雙方既達到性高潮卻又免去懷孕的擔憂。總而言之，它能夠使男女雙方的「貞操」得以保全。在此，特別值得我們注意的是，上層社會認為，透過生殖器以外任何肉體部位的接觸來達到性高潮，與雙方生殖器直接插入，兩者之間存在本質的區別。只有插入才能算真正的失貞，即使雙方生殖器有所接觸，甚至其外部相互摩擦，同樣也不會失去貞操。因此，在上層社會中，某些男性將無插入而能產生性高潮的愛撫技巧發展成一種美妙的藝術。他們從中可以體驗到數百次性高潮，即使如此，他仍然保持著社會所要求的貞潔之身。這種荒謬的邏輯前提正好就是至高無上的道德。它使某些男子為此對無插入的愛撫推崇有加，他們處子之身的虛榮心可以從中得到充分的滿足，即使無法達到性高潮，他們也無所謂。

在低階層中，婚前性交的禁忌並沒有那麼嚴格，他們反而認為這是一件理所當然、不可避免的事情，是有必要進行嘗試的。他們甚至把迴避性交當作一件忌諱之事。在他們看來，複雜拖拉的愛撫也被包括其中，並被視為一種反常現象。

通常在人們的印象中，上過大學的人在性生活中會很豪放，但是事實證明，這類人群通常可以親暱地愛撫幾個小時而不發生性交，這個事實可能也會令人們大吃一驚吧！

婚內性交

在婚內性交方面，社會階層之間也存在差異，低階層者年輕時的婚內性交在所有釋放途徑中所佔的比例較小，並隨著年齡的增加而逐步上升。這個比例在上層人士中卻正好相反，他們年輕時較高，並隨著年齡的增大

而降低。16～20歲時，高中以下約為80％，到46～55歲時上升為90％，達到最高峰。具有高中程度者在這兩個年齡段中從82％上升至91％。具有大學程度者則從85％降到62％，比高中以下低26％。

也就是說，在剛剛步入婚姻的殿堂時，低層人通常並不重視對妻子的忠誠，而高階層人士則要重視得多。經過35～40年的時間，低層人才做到上層人那樣初婚時的忠誠，而上層人也會用同樣長的時間才達到低層人初婚時那種性自由的程度。我們的資料顯示，即使是低層人通常也是從淫亂起步，逐步走向專一。反過來說也同樣正確，我們社會中的一些佼佼不群者也是從起初的專一開始，最終還是承認令人嚮往的多樣化。因此，我們可以說：只站在自己所屬階層的立場上來做出評價，或試圖用統一的道德標準來對存在顯著差異的各個社會階層進行衡量，都不具備任何意義。

婚前性交

在所有社會階層中，男性往往會更多、更經常地要求與女朋友發生婚前性交，而很少要求與賣淫者性交。受過大學教育的人則會更少，他們與女友性交比與賣淫者性交多20％～100％。

整體看來，受過大學教育者的婚前性交要比大學以下兩個階層都少一些。16～20歲時，高中以下者有過婚前性交的佔85％，高中程度者佔75％，而大學程度者僅佔42％。對那些年齡再大些的，大學程度者也僅為高中以下者的2/3左右。

將有過婚前性交者的人總計起來的結果也是如此，高中以下者中有98％，高中程度者有84％，大學程度者僅有67％。從頻率上來看還是這樣，16～20歲，高中以下者是大學程度者的7倍。很多身為人母者為了避免

他們學壞，不敢將男孩送去上大學，寧願讓他們留在家裡。但是，顯然這真的是本末倒置。那些在大學期間有過婚前性交的男性，其初次性交體驗也多半都發生在上大學之前。整體看來，大學程度者的首次婚前性交晚於低階層者5～6年。

大學程度者婚前性交的頻率也不高，其中1/3～1/2的人只是偶然這樣做，不過是總共只有一兩次到幾年內每年只有兩三次。能夠長期規律地進行婚前性交的人只有15%左右，大多數人只是與日後的妻子發生過。這些情況都是其他各階層所不具備的。

從職業情況來看，第3級，即半熟練工人的頻率約為第6級及第7級的15倍。

在上層社會中，婚前性交被視為是一個道德問題。很多有過這種經歷的青年只好進行辯解，他們通常會說：「我知道這些行為是不對的，但是與未婚妻之外的女人性交的誘惑力實在是太大了。」或者他們又會說：「由於我覺得如果沒有婚前性交，會使日後的婚姻生活平淡乏味甚至破裂。」

大多數低層人則認為不必追究這些問題的對與錯，甚至還有一些下層教士在反對吸菸、喝酒、賭博、婚外性交的同時，卻可以認為婚前性交根本與道德無關。在我們對兩三個下層人聚居區進行長期深入的調查後，竟然沒有發現一個16～17歲的男孩未曾發生過性交。那樣的男孩會被視為病號、精神缺陷者、同性戀者，或是野心勃勃想上大學以擺脫環境束縛的人。

低層男性對處女也會懷有某種程度的尊敬。他們會堅決不與失身的女子結婚。但是這只不過是做做樣子罷了，他們深知這完全是不可能的。一

且他們開始婚前性交，每週至少會有一次，其性交對象就會像同性戀那樣「一次換一個」，甚至多達數百上千個。

婚外性交

對於低層男性來說，婚前性交與婚外性交是完全不同的事情，結婚為其分水嶺，他們通常都會從此以後變得規矩起來。但是，上層男性在經過10～15年的性禁錮之後，一旦從新婚妻子那裡學會異性性交技巧之後，就會開始婚外性交，這看來似乎就是必然的事情。但是實際上，遭受性禁錮過的男人，很難培養出與妻子協調性生活的能力，由此看來，找到滿意的婚外性交恐怕也存在問題。當然，在上層人中也不乏特例出現，即妻子對丈夫的婚外性交活動給予鼓勵和支持。

同性性行為

在單身男性中，具有高中學歷者的人群中同性性行為的發生率最高，從青春期的32％至30歲的46％，總計30歲時的發生率為54％。但需要注意的是，陸海軍、商人、船員中的發生率至少在40％左右。處在這個階層的人，婚後仍然會有9％～13％的人發生同性性行為。30歲時其實施頻率仍然可以達到平均2週3次。

大學學歷者的同性性行為發生率為21％～17％，總計30歲時的發生率為40％，平均頻率為每週1.3次。處於這個階層的人婚後的發生率僅2％～3％，當然，對此調查有所隱瞞的人肯定也為數不少。

高中以下的低階層人的總計發生率，到30歲時為45％左右。最高實施頻率為平均每週接近1次。他們的婚後發生率約為10％，但是到了45歲的時候就降為3％。

同性性行為在低層人中的發生率極低，其主要原因是他們相對來說所受到的性禁錮最少，大多數人都可以在發生同性性行為的同時，與許多異性發生性行為。在他們的眼裡，同性性行為不過是一種可以額外享受的性生活和性手段。因此，需要注意的是，在這類人群中，很少有絕對的同性戀者出現。

同性性行為之所以會在高中學歷者中發生率最高，其中的原因之一可能是不少人都需要透過同性戀關係在經濟上獲得資助；第二可能是他們的虐待或受虐心理能在其中得到釋放。因此他們倘若不能夠以此獲得經濟利益，為了尋求性關係中的那種特權，寧願去花錢僱傭男性賣淫者。

社會對性的影響

　　每個社會階層的人都認為自己的性行為模式是現今世界上最棒的，並且對此堅信不疑；每個階層也會以自己特有的方式，對自身的性行為進行文飾。

　　對社會上層人士來說，一切涉及性的社會行為都被視為道德問題，而道德這個概念又被等同於性道德。許多這個階層的人都認為：在所有不道德的行為中最為惡劣的就是違反性道德。

　　人們通常會將許多的道德形容詞加注到性的社會關係上，以此來作為限定，例如：正經的、誠實的、忠貞的、高尚的、純潔的、美好的、健康的、完美無缺的、具有男子漢氣概的。婚姻的榮譽、忠誠和成功，所有這一切都在於丈夫只與妻子一人發生性交。在這個階層中的個體，除了害怕被群體視為不道德，幾乎沒有什麼可害怕的；除了觸犯不齒於人的戒律，幾乎沒有什麼算是恥辱的。人們對性的純潔性頂禮膜拜、推崇備至，社會上層中的許多人都認為，用自己的戒律去要求社會中所有人的人是自己的本份，是神聖的宗教義務。

　　與此相反，社會低層人重視的是自然與否，並以這種判斷標準為基礎建立自己的性行為模式。婚前性交被視為自然的，當然就是可以接受的了。自我刺激卻是不自然的，用愛撫將性交取而代之也是不自然的，即使發生在性交準備階段的愛撫仍然被界定為不自然的，因此它們就都是不被

允許的。

在較低階層中，有些人還將性行為看作道德問題，但同時他們也承認通常情況下道德會讓位於人的本能。在他們的思想意識中可能「知道這種性交是不對的」，但是他們「仍然期望去做，這是因為人類的本能在作祟」。

處於中等階層的男性一方面與眾多乃至數百個女人發生性交，另一方面卻堅決不娶非處女為妻。上層男性一旦背離社會傳統道德開始性交活動，其瘋狂程度就是任何人都無法比擬的。

在此種狀態下，他們仍然會解釋為：「只要有愛情，就不能算錯。」但是，在中等階層或下層男性則會和盤托出：「我其實是不想再與她有任何糾纏了，才會跟她發生性交。倘若我發現自己真的愛上了她，我是不會在結婚之前碰她一下的。」在許多上層男士和一些中層男性眼中，道德禁忌是一種神秘的啟示和天降之大任。一位原教旨主義哲學教授對此曾經做過這樣的解釋：「有許多世俗之事，人天生就知道其對錯與否，完全不必對其進行邏輯討論。」

對上層和低層來說，性其實就像是這位哲學教授所說的一樣。性道德不需要理性討論，也不需要認真研究，更不需要用任何客觀資料和資料加以驗證，即使因為性行為模式的不同而產生衝突，也不需要考察其中存在的緣由。

性道德就像宗教一樣，人們在面對它時，只需要接受和捍衛。更有甚者會認為比起宗教來，性道德更為重要。倘若他們使用別的方法無法加以捍衛，他們就會宣布：現有性道德是人類歷史發展的必然和頂點，是人類智慧的最終結晶。

大部分由性活動引起的悲劇，皆是不同社會階層的不同性態度相互衝突所造成的。對任何人來說，單純的性活動本身不會造成肉體的傷害，然而否定性滿足的要求卻可能導致人格的分裂、名譽、社會地位的喪失，甚至生命的終結。

性治療

　　下層男子的性行為一旦受到專業訓練者的指導，他們所信奉的不同性哲學立即就會引發衝突。

　　不管是心理學理論家、心理治療醫生，學校中的心理指導教師、護士，還是精神分析科的醫生，與社會下層人士接觸都不多，因此對社會下層的瞭解也十分有限。他們大多屬於上流社會，只會從上流社會的立場出發對人們進行勸告。當他們要求那些出身於下層社會的病人脫光衣服去接受身體檢查時，他們卻不知道自己已經侵犯了病人所屬階層的性道德。當他們在進行醫學治療時將自己所屬階層的道德混入其中時，下層人會用他們的標準來篩選或改造這一切，他們對此渾然不知。從事改造犯人的女心理學家們永遠都不會想到，在被投入監獄之前，這裡的每個犯人的性經歷就已經相當豐富。

　　但是她卻必須清楚一個事實：如果心理醫生的道德觀與犯人所處的那個世界的現實不存在任何關係，她的一切努力將是徒勞無功的。

　　婚姻諮詢目前已經出現了，其所立足的基礎就是關於婚姻的性質、目的、理想的許多概念。

　　然而，這些概念也許完全適用於婚姻顧問所處的那個社會階層，但是對於前來諮詢的那些下層社會的人，一切解釋和說明就都有可能成為毫不

相干的理論了。唯有上流社會的男士才能接受婚姻顧問們所傳授的那些性技巧。因為，這些技巧全部都要求有知識份子般的浪漫激情，要求盡量延長性交前的愛撫、盡量使性交技巧多樣化、性交前刺激量亦要達到極點、性交後繼續愛撫等，特別是要求男性與女性均達到性高潮。這其中的大部分內容正好是被社會中大多數人所排斥和詛咒的，這顯然是對他們的性道德的一種踐踏。

很多婚姻顧問總是不計後果地將自己那種屬於上流社會的模式強加於所有前來的諮詢者。殊不知，如此灌輸給他人的這些東西，倘若不符合他們生長及其所處社會的道德，反而會使求助者遭受無窮的煩惱。

在我們這樣的工業社會裡，管理者階層基本上都受過較多的教育，而勞動者卻更多地缺乏教育，因此在這兩者之間存在許多衝突，其中有一些就是源自於雙方無法認同對方的性行為模式。即使是那些在工廠裡的經理或職員，對下層人的想法也瞭解得不是很清楚。倘若從經理人員到社會工作者、心理學家和醫生，皆能主動去瞭解和接受下層人特有的模式，將有助於在管理者和工人之間建立更為協調的關係。

社會服務工作

不同社會階層的人一旦相互接觸，存在於他們之間不同的性模式和對對方模式與哲學的不理解，就是衝突的直接來源，於是破壞任何合作的可能性。

由此可見，社會管理者需要對那些不同階層的性模式加深理解。監獄、弱智人之家、育幼院、養老院、醫院，以及其他社會福利機構或懲治機構中，大多數被收留者都出身於下層社會。對於這些機構的管理者來

說，這樣做就更加有必要。寄宿學校和大學的管理者碰到的此類問題可能相對較少，因為學生大多與校長和老師屬於同一階層。但是公立國中和高中的教師卻經常要面對這個問題。一個女大學畢業生的職業若為國中二年級的老師，她就會發現自己的學生，特別是父母是工人或小商販的男孩，竟然會與和他同班的14歲女學生發生性交。她完全搞不懂他們為什麼會壞到如此不可救藥的地步。

根據自己所屬的上流社會的審定標準，女教師必然會大發雷霆，開除那個男孩，並且當眾對那個男孩與女孩進行羞辱。然而，女教師並不瞭解，在她所教的國二男學生中，已經有28％有過性交經歷了。倘若教師能夠對這些男生的生活背景有所瞭解，她所選擇的處理方式就很可能與此截然不同。

社會工作者會比醫生更多更經常地遇到性問題。

未婚先孕、強姦、有子女的夫妻因為性衝突而離婚，都會受到社會工作者的關注。成人與兒童的性交，甚至亂倫，這類事都會使他們怒不可遏。但是他們很快就會發現，諸如幼兒間的性接觸、婚前性交、婚外性交這類事件比比皆是。雖然在下層社會看來，這類事情是不可避免的現象並予以接受，但是社會工作者卻會以自己的道德標準來加以評判和衡量，因而義憤填膺並且施以懲罰。她們不會去救濟一個存在所謂「墮落」的家庭。

許多「性犯罪」的案例，正是由這些發救濟金的社會工作者向法庭控告的。也正是這些自稱為大善人的人發起一場運動，他們打著法庭的旗號，使這些「被遺棄的」孩子被迫與自己的親生父母分離，走進別人家、育幼院、少年感化院中。與此相反，那些學歷較低又在較小社區中的社會

工作者，有時反而對於社會底層的現實有更深入的瞭解。有些上過較好中學的某些國中畢業生，在參加社會工作後也能理解存在於不同階層間的差異。相較而言，那些好心好意的、一心為公民福利做貢獻的，積極投身於社會服務工作的上流社會婦女對此是最缺乏理解的。

對下層黑人的瞭解是人們最為缺乏的。在那裡，所需要的是某些比她的同事更能理解異己者的社會工作者。就算是這樣，看來在黑人社區中也唯有黑人社會工作者才能進行工作，但是他們的學歷和社會地位一定都不高才行，否則黑人群體對底層黑人社區的理解少得可憐，就像上層白人一樣。實際上，上層黑人如果真的當上社會工作者，他們甚至會更注重「提高」自己底層同胞的性道德水準，以使黑人作為一個種族的道德形象得以提升。

軍營裡的情況

在一個單一的且組織嚴密的團體裡，出身不同階層的人被集中起來一起生活，陸海軍的軍官們無可避免地要面臨軍營裡的階層衝突。大部分士兵的教育程度都不足高中二年級，大部分士兵的性行為屬於低階層模式。那些來自西點軍校或海軍學院或其他軍事院校的軍官們，基本上都來自於上層社會，他們之中有一些能夠理解士兵們的這種性模式，而有些則不能。碰到不同的軍官，士兵們的遭遇就會大相徑庭。在海外的美國佔領軍，生活在與我們截然不同的其他文化中。然而，那些為被佔領國制訂法律的高級將領們，卻將他們自己的「道德準則」生搬硬套在其他民族的全體人民頭上。

其實，在那些被佔領國中，根本就不存在與我們任何一個階層相同的

性模式，而且就連在美國，真正奉行這些準則的人也極為有限。

唯有在戰爭時期，那些出身於社會上層的軍官們在與下層的士兵一起並肩作戰時，才開始對人類行為的真實狀況有所洞悉。但是，他們害怕這會使軍心渙散，於是高級將領，特別是老一代的將領，不但會制訂嚴厲的軍規，還會鼓動國會立法，用以推行上層社會的性行為模式。據說這樣做的目的是為了防止性病，但從我們的調查中可以看出，根本沒有幾個戰時軍人的性活動還能像平時在家那麼活躍。因此，許多主張預防性病危害的人，實際上更多的還是考慮的道德因素。

日常接觸

一般在上層人士看來，「低階層道德」十分缺乏自己具有的理想色彩和哲學正確性。與此相反，在下層人眼中，上層人的性行為模式過於矯揉造作，顯得有些裝腔作勢，而且由於上層人企圖將這個觀念強加給所有階層，這就使其他階層對它產生極其厭惡的情緒。下層人在上層人看來多麼不道德，上層人在下層人看來就有多變態。當問題涉及到另一個民族或國家時，偏見就達到頂峰：「法國人如何如何，中國人又如何如何。」原始民族的性生活在這種敘述下被說成是畸形的。黑人的性行為則被無限誇大，使黑人領袖也深受其害。其中，希特勒反猶太人所宣傳的柱石實質上就是性方面的誣衊。

納粹和日本人對美國人的潑髒水式宣傳，我們的性行為也同樣成為攻擊對象。這種偏見演變為傳統，無論是談及到義大利人、西班牙人、拉丁美洲人或其他什麼民族時皆是如此。雖然沒有任何客觀資料做依據，人們仍然不加區分，一概而論。我們相信，任何民族內部都存在不同階層，

其性模式自然也是不同的，無論它們與我們社會裡的某種模式是否有相似之處，它們彼此之間必然會有所區別，而且同一階層內也必定存在多種模式。

性與法律

英美在有關性的法律反映的是上層社會性道德。它們起源於英國古老的民間的習慣法，但現在的繼承者與捍衛者卻大多是出身於上層的國家立法和司法人員。

正因為如此，成文法才會對任何非婚性交進行嚴厲懲罰，無論是婚前還是婚外。但是，它們並不稱自我刺激行為為「手淫犯罪」，因此一些司法當局才會不遺餘力，試圖將這一條明確地寫入法律當中。

不過，值得一提的是，法律卻是由經常來貫徹和執行的。他們大部分的教育程度只有國中或高中畢業，因此很少有警察會認真執行反非婚性交的法律，特別是當上層人物要求警察來懲治這類事件時，他們往往會採用勉強和消極的態度來對待。

一個出身於低階層的警察，很難誠懇對發生非婚性交的男孩和女孩所犯的罪行做出認定，因為那些人的所作所為是他自己青春期所經歷過的，而且他也清楚的明白，在他所生活的那個社會裡，大多數年輕人都有類似的情況發生過，沒有什麼可奇怪的。但是，倘若警察所偵察的性行為是為他們所不齒的，因為，有時事情很可能會完全出於性以外的理由，例如：涉及當眾裸露或展示，一老一少的性接觸，一黑一白的性交，這些都是警察所忌諱的，他就會將反對非婚性交的法律變成實施自己性觀念的工具，嚴懲這些異己的性活動。警察的行為雖然在某些時候也會代表其他階層公

民的意志，但卻離不開他們自己所出身的那個階層的意識。有些警察曾經向我們開誠布公地說：「我們職責其中的一條，就是對法官隱瞞那些他根本無法理解的事情。」

相反地，倘若警察發現一個青年男性躲在暗處「手淫」，他們就會樂於將他送交法庭，並且目睹他因為當眾示範、因為道德敗壞、因為變態而被送進矯正機構中。當他到達某個矯正機構時，警察局通常還會十分認真負責地給矯正機構當局附上一封信，催促其要特別注意那名他們所謂的變態青年。

當然，這類矯正機構中學歷較高的長官，也會抱持他們階層的理念，向這個青年和其他官員解釋：「手淫」作為一種性釋放途徑，要好於那些需要矯正的某些青年的同性性行為。這樣的長官甚至會堅信，他的舉動實際上是對被矯正者性需求的保護。其實相反，那些與被矯正者接觸最多的警衛們，卻幾乎全部出身於下層，和警察一樣，他們相當鄙視甚至仇視「手淫」行為。倘若被矯正者繼續「手淫」，他們就會像懲罰同性性行為那樣，對其嚴懲不貸。

法官在審理性案件的時候，依據的通常也是自己所屬的社會上層的道德戒律，他們的判決捍衛的往往也是這些戒律。低階層被告，例如發生性交的少男少女，實際上他們幾乎根本就聽不懂法官對他們喋喋不休的痛斥，也根本不會明白這樣十分自然和合乎人性的事情，為什麼會受到法律的制裁？

對他們來說，性法律的光環就像如泡影般消失，生活彷彿一座迷宮。法律和上流社會就是操控者，他們用擲骰子的方式來決定誰能找到走出迷宮的路。性法律彷彿大街上那個允許通行的指示牌，它只是在告訴你：規

規矩矩地由此通過就不會有什麼麻煩。但是為什麼人們不能夠從旁邊的人行道繞過去呢？為什麼不能橫穿大街呢？它不會說，你永遠也不會懂。

不同出身背景的法官所做出的裁決也會有所不同，這一點就十分明顯地顯示出道德對法律的影響。有些法官並未讀過專業院校，特別是在民選法官的地方，這些法官出身於低階層，其專業知識都是透過司法實踐和夜校補習等來獲得的。

當審理同一案的兩個法官，一個出身上層，另一個出身下層時，前者對性案件作出的判決通常會很嚴厲，特別是對非婚性交和賣淫案件嚴懲不貸；而後者往往會輕描淡寫。下層社會的人們也十分清楚這其中的不同之處，因此當遇到這類案件，他們會強烈要求後一個法官來審理，因為「他還算清醒」。結果，那法官真如他們所料，從輕發落了。反過來，那些偵破性案件的社會服務工作者，也會要求將案子提交給前者來審理，以期案件受到符合自己階層性哲學的嚴厲判罰。

其實3/4的人口實際上都在走著另一條路，法官對此卻不承認，他們甚至堅信凡是警察所逮捕的人必定都是性罪犯。倘若某社區裡的某件暴力強姦案或強姦致死案激起了民憤，法官就會下令嚴懲這個社區中的所有性罪犯。報紙自然也會煽風點火地指責警方的無能，其連鎖反應就是，警方為了顯示其努力程度掀起大逮捕的浪潮，而法官則為了順應民心嚴厲判罰。這種連鎖循環反應一直要鬧到荒誕不經的程度才肯罷休。

不妨讓我們重溫一下這些資料：所有男性中有過婚前性交的佔85％，有過口與生殖器接觸的佔59％，與妓女性交過的近70％，有過婚外性交的30％至45％，有過同性性行為的37％，農村小夥子有過與動物性行為的佔17％。這些性行為皆是違反法律、需要受到懲罰的，而至少有過其中一種

行為的人，在全體男性中所佔的比例高達的95％以上。法官，警察局、教會和某些社團，當他們在宣導清除一切性罪犯時，所指的難道就是這95％的男性嗎？這豈不意味著，將有5％的人要逮捕、起訴、判決其餘95％的人？由此可見，這項工作的提倡者和實施者也只是那些近乎絕對禁欲而對他人生活狀況根本不瞭解的人。

在面對性犯罪的時候，法官因為自己無知而做出特別嚴厲的處罰。他相信自己所判的長期徒刑會讓這些罪犯的個性在鐵窗裡得到矯正。結果他又一次犯了無知的毛病，他對性行為的深層根源一無所知。

我們對1200多名已經判決的性罪犯進行調查，結果發現，他們之中幾乎不存在因被判刑而改變了自己性模式的人。不僅如此，即使是在普通人之中，幾乎也沒有人在15歲之後還會因為繼發的任何事情而改變其性模式。這不是因為性罪犯的人都是性欲倒錯者或異乎尋常者，原因無它，只不過是任何人的性模式都是其所生長於其中的社會習慣強加在他身上的。

即使是在監獄裡，性罪犯也是備受關注的。在監獄長官的開導下，他會認清自己的行為確實罪大惡極，即使是許多罪犯的所作所為事實上與開導他們的監獄長官本身的性行為並沒有什麼根本的區別，他也必須認罪伏法。因為這裡每個人都認為，性罪犯的性活動就一定會是千奇百怪的，其本質也必定是無法想像的，因此才對他義憤填膺。

通常情況下，負責假釋的官員在假釋任何一名性罪犯時都極為不願意。特別是女監獄裡的女長官，因為她們隸屬於上層社會。在她們的社會裡，婚前失貞是罪不可恕的道德罪行。但是女犯人一般都來自於下層社會，那裡3/4的女性都發生過婚前性交。

正好是這樣一些女長官掌握這些女犯人的命運。這一點也不足為奇，

因為凡是企圖對他人行為加以控制的人，往往都會以自己所處社會的行為準則，來對別人的行為作出判斷和衡量。

　　在社會不同階層之間存在如同不同國家、不同文化、不同種族、不同的極端教派之間一樣尖銳的衝突。但是不同階層卻對存在於他們之間的性模式的衝突視若無睹。所有人都覺得，自己只是與另一個極為特殊的怪人發生衝突，其實他與整個文化之間的衝突才更為常見。

第九章

性模式的固化

　　處於同一階層的不同個體的性釋放情況也會有所差異，甚至有的截然不同，但該階層中80%～85%的人都會接近全階層的平均值或中位值。即使是一個個體在其中某種性釋放途徑上嚴重偏離群體平均水準，在其他大部分途徑上他也會接近或適應於群體的平均值，他在全部途徑上都背離他所在社會階層的性模式是極不可能的。

　　個體如何適應群體準則，在某些特定的情況下有多少人會稍有背離，又有多少人會徹底背離？想要比較清楚地瞭解這些問題就需要對群體的一般狀況進行比較研究，比較它的動態變化以及各項指示資料的變化。

幾代人的性模式變遷

　　為了清楚地瞭解群體的性行為模式是怎樣鞏固及其固化的程度，在個人一生和兩代人之間會發生什麼變化，我們務必要對兩類資料進行考察和比較。第一類是同一階層中兩代人的發生率和實施頻率，第二類是個體性模式的動態變化，即對某些個體在職業等級發生改變後，其性模式發生怎樣的變化及其變化程度如何。

　　大多數人都相信，最近的一代人或兩代人的性模式已經發生很大的改變，而且整個世界正不斷墜入罪惡的深淵。在上流社會裡，那些憤世嫉俗的人都認為，年輕一代的婚前性交正在飛速地增長，仍然忠誠於妻子的男子已經是鳳毛麟角，而對年齡稍長者來說不可想像的愛撫行為正在快速蔓延，這一切都在說明年輕人的道德水準江河日下，而更讓人無法忍受的是，他們墮落的速度竟是如此之快！1939年以來，至少有三位學者發表各種言論來對每況愈下的世風加以譴責。

　　下層社會的憤世者也不佔少數，只是他們的言論和意見並沒有得到發表或出版的機會而已。他們同樣也認為現在年輕人在性方面上已經墮落了，尤其是上層社會中的青年一代勢必會更加嚴重，並且將超越以往的一切罪惡。在下層人的觀念中，所謂墮落就是成年人的「手淫」、愛撫、以口刺激，變換性交體位以及同性性行為等。

　　為了清楚地瞭解人們性行為的變化趨勢，我們必須對年輕一代與年

齡較老一代人之間所存在的差異進行比較研究。我們將參與調查的男性分成數量大致相等的兩組。第一組是接受調查時的年齡為33歲及以上的,他們的年齡中位數是43.1歲。第二組是接受調查時33歲以下的人,他們的年齡中位數是21.2歲。這兩組調查對象的年齡中位數相差約22歲。33歲以上那一組可以代表上一代人,即青春活力和性活動均在1910～1925年達到頂峰的那一代人,這一代人經歷過第一次世界大戰和「喧鬧的20年代」。美國的性道德在那個時期已經不是很嚴格,只不過從前人們一直對此缺乏認識,直至現在才終於承認。但經過那個時代的上一代人現在也確信:與自己當年比起來,如今的年輕一代要「野」得多。第二組的年輕一代,其性活動高峰期則在1930～1948年之間。

發生率的比較

我們將受教育程度不同的人中性活動發生率的不同,按照年齡分為兩組進行對比後發現,兩代人之間在下列各項資料上幾乎不存在差異,換句話說,上一代人之中從事過這類性活動的有多少人,這一代人之中也會有多少。

◎ 具有大學教育程度者的自我刺激

◎ 夜夢射精

◎ 異性性交

◎ 婚前性交總數

◎ 與妓女性交

◎ 具有高中以下教育程度者的與妓女性交

◎ 具有大學教育程度者的同性性行為

在兩代人中，參與下列兩類性活動的人所佔的比例大致一樣，但現今一代人在參與的時間要比上一代人早一年到兩年：

◎ 具有高中以下教育程度者的異性性交

◎ 婚前性交

在以下幾項性活動中存在的差異較為明顯，現今這一代人的發生率高於上一代人，開始的年齡也早於上一代人：

◎ 具有大學教育程度者的愛撫總數

◎ 達到性高潮的愛撫

◎ 具有高中以下教育程度者的自我刺激

◎ 夜夢射精

◎ 愛撫總數

根據上述調查情況，可以說，既然在各種各樣的性活動中，兩代人之間存在如此之小的差異，那種現今一代年輕人的性活動比上一代年輕人更多的說法，顯然這已經不具備什麼科學根據。兩者唯一較為明顯的差異就是：現今這一代開始性活動的時間要比上一代更早，正好是這一點未曾被那些譴責當今的年輕人不道德的人所發現。他們仍然主要譴責與女友或與妓女的婚前性交以及同性性行為，但依據我們的資料，在這些方面並不存在明顯的變化。用科學的事實來終止那些悲天憫人者的信口臆斷，正是我們的調查所具有的社會意義，而現在這個時機已經到來。

值得我們注意的是，在這一代青年中，正好是那些教育程度較低的人，其性活動開始較早，其原因或許是近30年來社會福利取得很大進步，例如：環境衛生和醫療條件的改善，營養標準的提高，這些都會使低階層人士的健康水準得到提高。因此，這一代下層青年的青春期開始得自然要

早於上一代人。然而，上層青年的青春期卻沒有提前，或許與他們在過去營養保健等條件一直不錯有關。

最後我們還要強調一點，唯有自我刺激和愛撫這兩項在青年一代的性行為中發生較大改變。起初，這種性活動是被上層青年所採用的，而後似乎才逐漸在下層青年中流行。這也能夠證明，在公開的行為，特別是公開的性社會交往發生變異和階層差異之前的很長一段時間，性觀念和性態度可能早就發生變化。

實施頻率比較

1、整體釋放頻率比較

在此方面，兩代人存在差異最小的是16～30歲的上層單身者和20～30歲的上層在婚者。上一代單身者的平均頻率為每週2.57～2.69次，這一代為2.43～2.70次。在婚者中上一代為3.86次，這一代為3.62次。

兩代人差異明顯的是16～30歲的下層單身者和在婚者，其中高中教育程度以下者中的兩代人差異最大。上一代單身者平均為每週2.31～2.35次，這一代為4.05～4.53次；上一代在婚者是3.02～3.75次，這一代則是5.22～5.61次。這說明這一代的下層青年的性活動確實更為活躍，但同時也不能忽視下列兩個因素：一是現今年齡已達45歲或50歲的下層人的身心狀況和客觀環境都不好，因此他們在回憶自己年輕時的性經歷時，很可能會帶上今天的陰影進而使估計結果偏低。

另一個因素則是現今較老的下層人可能不會像這一代年輕人那樣如此坦率，很可能會有所隱瞞自己早年的性經歷，並且按照他們現在較為保守

的性觀念來「減少」當年的真實性活動。

2、自我刺激

除了高中程度者以外，其他各階層在自我刺激這個方面，兩代人所存在的差異都很小，但是低階層的一代有增加的趨勢。

3、夜夢射精

無論哪個階層，哪個年齡段，在此方面的兩代人所存在的差異都是最小的。

4、愛撫達到性高潮

在所有階層中，現今一代人在此方面的頻率都會有所上升，但倘若計算的範圍只是實際有此行為的人，則上升的並不明顯。由於發生率有所提高才使整體頻率有所上升。上一代人14歲時的發生率為25.3％，25歲時為80.4％，而這一代人13歲時即為27％，25歲時已達90.3％。

5、與女友的婚前性交

在上層男性中的頻率，兩代人幾乎不存在什麼差異，唯有在青春期剛開始時這一代人較上一代人來說要高一些。但是在下層階級中，這一代明顯地比上一代高，而且越年輕越高。下層人的上一代的發生率在14歲時為20.8％，25歲時為90.3％，而這一代13歲時已達20.9％，19歲時已達85.4％。由此我們可以明顯地看出這一代下層青年更加早熟，但也不能將一代人的回憶有失真之處的這種情況排除在外。

6、與賣淫者的婚前性交

這個方面的情況完全不同於人們的預期，這一代人的發生率及頻率相較於上一代人都降低1/3～1/2。毫無疑問，這種情況是社會作用的產物。與妓女性交會導致性病的宣傳教育得到普及，打擊有組織賣淫的法律活動也十分有力，大多數州禁止賣淫的法律都獲得通過，很多公眾也越來越支持並且積極致力於控制有組織的賣淫活動。雖然透過我們的調查發現，從事賣淫活動的女性總數並沒有明顯減少，但是在大多數地區公開的、有組織的妓院已經減少很多。雖然一生中曾經與賣淫者發生過性交的男性總數不一定明顯減少，然而他們的實施頻率確實有所下降。

7、婚前性交總數

無論是與女友還是同賣淫者，婚前性交的總數在大學教育程度者中的水準仍然與原來持平，在高中以下教育程度者中，現今一代的婚前性行為總數有顯著增加，在高中教育程度者中卻增加不多。這種情況顯示，反賣淫運動的大力進行已經使現今一代人把與妓女性交總數中的1/3～1/2，轉移到與女友的婚前性交中。

8、同性性行為

整體來說，兩代人在此方面所存在的差異也非常小。在16歲以前，這一代人略有增加，然而在16歲或20歲之後則幾乎沒有變化。雖然很多警察在大城市中努力禁絕街頭和旅館中公開的同性性行為，但是同性性行為在整個社會中遭到的譴責和鎮壓並沒有明顯加強。反之，由於專業書籍和通俗讀物中涉及到它的內容越來越多，一般公眾也就隨之相對地對此事有所寬容，至少可以對這個人類行為更自由地加以討論。因此，較年長的人就

算依然對年輕時的婚前性交有所迴避，但是可以更勇敢地揭示當時的同性性行為。

9、婚內性交

在此方面，這兩代人並不存在明顯的差異，如果說有，也僅在於高中以下教育程度者中的這一代的頻率有所增加。我們常聽許多人說現在年輕人婚內性交更多，這種說法是不足為信的。

10、婚外性交

高中及高中以下教育程度者中的這一代，婚外性交的發生率和實施頻率均有所增加，至少婚後的情況確實如此。與此相反，在大學程度者中，上一代人的發生率和實施頻率反而更高一些。

透過對以上十項具體性活動的比較分析，我們可以看出社會的性道德事實上是十分牢固的。那些誇大其變化程度的人，不管認為這是墮落還是進步，說的都是不對的。

有些人認為在性道德方面發生巨變，而有些人也對我們所做的調查提出種種質疑，然而他們都沒有真正理解下列事實：我們絕不可能創造或改變目前的性行為模式，它深深地植根於歷史文化中，來自於某些最基本的思想觀念。目前英美的性態度可以追溯到聖經《舊約》的時代或更古老的時代，其來源是當時人們所信奉的宗教哲學。現代科學還不具備迅速改變這種根深蒂固的行為模式的能力。

過去的22年裡發生的變化所涉及的僅僅是性行為的態度和道德觀念上的細枝末節，但實際性行為的深層本質卻沒有產生絲毫的改變。沒有任何一種性行為被另一種性行為所取代，自我刺激不曾取代異性性交，而異性

性交也沒有取代同性性行為，從來沒有出現過這種根本性的改變。對於大多數的性行為來說，其發生率和實施頻率也沒有發生顯著的增減。在這幾十年裡，發生實質性改變的反而是社會。人造物品的出現及普及，自動化生產和資訊交流手段的突飛猛進，人們受教育程度的普遍提高，政治局面動盪不已，宗教信仰日趨崩潰，特別是史無前例的兩次世界大戰，全部都發生在這個時期內。大量的美國青年投入到軍隊之中，並且在那裡有機會接觸來自不同階層的性行為模式，接觸世界上與我們完全相異的性文化與性模式。

所以，在每一次世界大戰之後都會出現了一個被某些人稱之為性道德墮落的時期。即指物價飛漲的時期、爵士樂的時期，是繁榮昌盛的時期，又是沮喪而頹廢的時期。某些集團為了阻止這個國家的性習慣產生變化曾經花費數百萬美元，其結果使更多與性問題相關法律被通過。在美國歷史上，聯邦政府第一次在全國範圍內強化性法律。從全社會來看，那些規範美國人性行為的巨大力量，總量上一點也沒有減少。但是，無論其目的如何，社會對性模式的變化所產生的影響仍然是微不足道的。正如前面所描述的那樣，其結果僅是低層青年的自我刺激頻率有所增加，某些階層或年齡的婚前愛撫頻率略微增加，性交開始時間略早，以及一部分婚前性交對象從妓女轉變為女友而已。

即使是戰時，軍人的性模式也沒有什麼大的變化。從軍參戰者也沒有使自己當老百姓時的性模式發生改變。一個人在16歲時便建立的性模式，通常狀況下不會在日後的經歷中出現大起大落。確實有人是在入伍以後才初次發生性交或是達到較高頻率，但是不能將其視為軍中生活的結果，即使他不來從軍也同樣會這樣做的。甚至是否喜歡與妓女性交，在軍中和在

家中時候也是一樣的，所有類型的性活動都是如此。

公眾特別會注意到軍人與平民的區別。一個平民與一個女孩一起走在大街上，不會惹人注意，然而同一個人倘若穿上軍裝後再與同一個女孩走在大街上，人們就會投以異樣的眼光。軍隊裡的長官們總是埋怨那些母親，總是不放心將孩子交給軍營，擔心她們的兒子會在軍隊裡學壞，看來這確實是母親們的誤會而非將軍們的藉口。

一種性模式在某個社會階層中形成以後，即使涉及到許多其他接觸的人，也難以將其改變。25年或30年前，大學教育程度的男性只佔男性總數的5％，到了1940年那一代青年已達約15％。雖然受過大學教育者的總人數增加了兩倍，但是他們所處階層的性模式卻很少發生變化。兩代人之間的差異也是最小的，這有力地證明性道德是高度固化的。

少年時期的階層可變性

　　大學中的性模式為什麼能夠得以固化？處於低層階級中的人在跨入大學之後，是大學改造他們，還是他們改造大學？帶著這樣的疑問，讓我們再回到調查中。調查發現，人的性模式形成並固化的時期大約是青春期或更早以前，即使後來他的階層有所變化，從一個階層轉入至另一個階層，他本人的性模式在其一生中也不會再發生很大變化，較大的變化只可能在他的下一代身上發生。為了對此問題有一個清楚的認識，讓我們一起來深入考察一下階層變動情況對性模式產生的影響。

　　在我們的調查對象中，當事人目前所處的職業等級與其父母相同的約佔39％，比父母低的佔21％，比父母高的佔40％。以此看來，很明顯，在美國社會中普遍存在職業等級的變動，而他們的性模式是否也會隨之發生改變？

　　我們把他們的情況大致分成兩類：一類是本人與父母不同的，或升或降，佔61％，我們對這一類掌握了很多的資料。另一類是本人至少在20歲前與父母一樣，但最終又走向不同的，關於這類人的資料我們掌握的範本較少。

　　一般而言，一個人的性活動總是與其所處社會群體的性模式相一致，而不是與他父母所屬群體的模式相一致。雖然人們的家庭出身不同，其父母所屬的階層也存在很大差異，但是如果他們處於同一社會職業等級，就

會有大致相同的性經歷。反之亦然，人們雖然出身於同一階層，倘若所處的社會職業等級不同，其性模式也會存在差別。當然，這種說法是針對整體和每個群體的平均狀況來說，並不排除某些個體會有所背離。

在之前的章節中我們論證過，從年齡上看，人類一生的性模式大約在16歲時就已經確立。現在我們從階層分析中又一次使這個結論得到驗證。無論人們處於哪個階層，一個人在16～20歲就已經接受該階層所共有的性模式，日後的階層變動對其中的大多數人並不會產生顯著影響。然而從青春期開始到15歲，一個人所接受的群體模式，是不確定、不穩固的，遺憾的是，由於資料有限，我們還無法對16歲以前或青春期以前的性模式的形成過程進行十分準確的描述。

下面我們來進行一下具體分析：

職業等級2和3，即零散工與半熟練工人

這兩個職業等級具有十分相似的性模式。雖然等級3具有稍高一些的性釋放頻率，但這是由於等級2和高中以下教育程度者一樣，身心素質較差者在其中所佔的比例高於任何其他階層。

等級2，即零散工，是一個難以升遷的階層，其中大約有56％終生都處於該階層中。該階層平均受教育程度為6.8年，上到高中的僅有23％的人，因此這個階層的性模式與我們在之前已經講過的高中以下教育程度者的性模式十分接近。在這個階層中，單身男性的性釋放主要依靠異性性交，較少運用自我刺激，夜夢射精更是少之又少，並且由愛撫而達到性高潮的情況極少發生，同性性行為卻經常會發生。

在16～20歲期間，這個階層的婚前性交平均為每週2～3次，是日後處

於職業等級6的人的6～8倍。但是，就自我刺激頻率而言，前者只是後者的一半，其夜夢射精的頻率僅為後者的1/4，因愛撫而達到性高潮的為後者的1/3～1/2。然而，這個階層的同性性行為的頻率卻比日後處於等級7的人高出11倍之多。等級3的同性性行為頻率僅次於等級2的，高居第二位。

現在本人處於職業等級2的人中，有90％的人其父母也屬於等級2或3。但現在處於等級3的人，其父母也同屬於該等級的人只佔44％，出身於更高或更低等級的人則基本相等，共佔56％。然而，無論其出身如何，等級2和等級3的人的性模式都是高度一致的。

職業等級4，即熟練工人

這個階層是全部階層中最不穩固的。這個階層的子弟上升到更高等級的佔57％，上到高中的佔40％，上大學的佔7％，而且他們大都不甘心再去從事父母的職業。

這個階層的性模式也介於體力工人與白領工人之間。青春期初始時，在該階層中那些日後最終會達到職業等級7的人，有著相當高的自我刺激的頻率，而性交的頻率卻非常之低。與此相反，那些日後降至等級4以下的人，在15歲之前就已經發生大量的婚前性交，而很少使用自我刺激。例如，16歲～20歲時，前者平均每週自我刺激為2.56次，後者為0.98次，前者非婚性交0.30次，後者為2.17次。其他方面的資料比較同樣如此。正因為等級4是一個不穩定的階層，因此這些資料的比較才更有力地說明：一個人的終生性模式一直會受到青春期狀況的制約，同時個人在這種制約力量的推動下，或是留在他所出身的階層中，或是擺脫它。當然，在實際情況中，有些人會上升，有些人會下降。

職業等級5，即白領工人下層

處在這個階層的人從事的大多都是辦公室工作，需要具備一定的能力，但並不需要大量的專業教育與訓練。在他們之中至少有44％接受過高等教育，但不一定都是大學本科畢業。這個階層相對等級4來說要穩定一些，但是與更高等級相比又顯得有些易變。他們的子女有19％會降為體力工人或商販，但是也有53％會上升到更高的等級中。

在他們當中，自我刺激和夜夢射精的情況與等級6和等級7十分接近，但婚前性交略多於後者，同性性行為也比後者多很多。當然，他們相較於等級4和3來說，又少了很多。

職業等級6，即白領工人上層

在他們之中，大學畢業或研究生畢業的為90％。這個階層相當穩定，他們的子女有40％仍然會處於該階層中，40％會上升到等級7。他們的性模式與大學程度者的十分相似，其婚前性釋放的主要途徑為自我刺激，而婚前性交頻率卻只是等級3中同年齡者的1/6～1/8。這些人雖然可能來自於從等級2到等級8的任何一個階層，但他們在青春期或更早時，就已經將自己的人生目標設定為進入等級6，並且形成與之相應的性模式。

職業等級7，即專業人員

這個階層是指各個領域中的專家和高級人才，例如：科技人員、醫生、律師、經理、教授。他們之中99％的人受教育程度都在研究生以上。他們的子女會有65％會繼續留在這個階層中，但是也有約25％會下降至等級6。他們之中的絕大部分都出身於等級6或等級7的家庭，即使有出身於等級4和等級5的人，也已經在青春期時就具有與等級7相同的性模式。特別是

其中出身於等級4的男性，在婚前性交少和自我刺激這兩方面，均高於出身於其他等級的人。這個現象似乎能夠說明，越是將進入其他社會等級作為自己的人生目標的人，他就會越遵循自己所渴望進入的那個等級的性模式，而背離自己所處階層的性模式。但是事實上，此種說法應該倒過來才對。一個人早在青春期就建立了與他所渴望進入的那個等級相吻合的性模式，將來他才能真的進入那個等級。但是這似乎存在很大的偶然性，因為一個男孩實際上並不知道他所嚮往等級性模式究竟如何。

青年以後的階層可變性

　　相對來說，倘若一個人起初建立的性模式與其父母相一致，並且在這樣的環境中度過青春期或更久，那麼他最終轉入到其他階層中的可能性就會很小。

　　有些人雖然已經形成與其父母所屬階層相同的性模式，卻在日後下降到很低的社會等級中，但這種情況很少出現。這些社會中的「敗家子」，或是由於好高騖遠，或者是由於遭受經濟或社會災禍。因此，在底層社會中也會有哲學博士或醫學博士存在。

　　在20歲以後性模式才發生階層變動的人，通常是那些中途輟學的人。他們往往先經過幾年時間的做工或經商，然後再去上大學。這類人性模式的改變是最值得深入研究的。雖然我們無法得到充足的資料，但還是可以進行一般性的概述。

　　一般來說，青春期內形成低階層性模式並保持到20歲以上的人，倘若後來上了大學或大專，仍然會終生保持原來的模式。即使他們的成績優異、專業出眾，並且獲得很高的社會地位，他們通常也不會接受上層社會的性模式。即使是他們當了法官、醫生、心理學家、巨賈也依然如此。之所以出現這種情況，完全是由當事人本身在青春期早期和中期所形成的性模式所決定的，根本無關於其父母的背景及本人日後的升遷。

　　低階層出身的法官會對婚前性交給予寬容但會嚴厲懲罰「手淫」行

為。暴發戶巨賈絕對不會放棄婚前性交，卻會對其所躋身的上流社會的「下流」性技巧嚴厲譴責。具有低階層性模式的醫生會竭盡全力找尋病人的婚前性交史，會把病人的性交當作成一種治療的手段。他們會以寬容的態度面對婚外情，但是也會大談「手淫」的危害，尤其是在給高中生講性教育課時。他們會這樣告訴病人：用愛撫來替代性交會造成各種神經病和精神病。他會極力反對口與生殖器的直接接觸，會斷然宣稱，唯有直接插入的異性性交才是符合道德的性生活。這樣的醫生以科學的名義，行若權威，實際上不過是在按照他出身的那個社會階層的標準來行事罷了。

性道德的傳導

　　想要更深刻地揭示某些最根本的社會現象的實質，我們就要弄清楚性道德在各階層中是怎樣得以固化的，是怎樣傳導給該群體中的每一成員的。倘若我們能夠弄清楚究竟是什麼樣的力量促使某些男孩去否認其父母的性態度和性哲學，甚至否認自己成長其中的社會和朝夕相處的同伴們的觀點，我們就將解開性心理學最基本的難題。倘若我們能夠弄清楚，一個男孩進入某個與自己完全相異的社會階層後，怎樣被該階層的性模式所同化，我們的科學知識就會更加深刻和豐富。

　　要瞭解兒童是怎樣學會穿衣、吃飯，說話的，相對來說比較容易，而想要弄清楚性成長過程就難上加難了。我們幾乎沒有觀測和驗證性現象的方法，兒童表達其性態度的可能性也很小，幾乎也不可能觀察到成年人的性行為，因此現在的性教育非常含糊不清，但卻具有強大的力量，足以迫使那些處於青春期前後的少年持續遵從現行的社會道德。

　　雖然現在我們所得到的調查資料還不夠充分，但是我們卻可以就道德傳導和固化的原因進行一般性的概述。

　　1. 在青春期之前乃至三、四歲時，存在於不同社會階層之間的某些本質區別與界限，就已經向兒童進行灌輸並已經為他們所感知了。父母、成人、同伴都在將社會的性態度傳導給一個三、四歲的兒童。能不能談論男女不同的生殖功能、排泄功能和生殖器解剖構造呢？能不能撫摸自己的生

殖器官呢？能不能向其他孩子暴露自己的生殖器或跟他們玩撫摸生殖器的遊戲？可不可以詢問小孩到底是如何出生的？與同性或異性結成親密同伴被不被允許呢？怎樣去親吻父母，是否可以吻同性或異性的同伴呢？所有這些問題皆是兒童行為的指標。

社會贊成或反對的態度會對兒童產生非常大的影響。只需要一次嘲笑、一次責罵、一次毆打，就足以使兒童對某些他初次做出的行為產生疑惑，而後就不會這樣做。三、四歲的兒童已經完全具有分辨和體會到他人情感和態度的能力了，來自同伴們的嘲笑、或者對他的某些行為持有的否定態度、成年人的神經過敏等等，所有這些他們都能感知到並不希望此類事情再次發生。

向一個小男孩進行詢問時，他會對諸如此類的一些事情進行否定，例如：吻他人或被吻、暴露自己的生殖器，自己摸或讓他人摸生殖器、摸別人的生殖器。這表示小男孩子已經對此產生煩惱不安的情緒，不希望染指這些事，以後再也不談它們。這表示他已經學到社會的價值觀，其日後的行為也將由此進行塑造。

2. 在兒童能夠分清自我刺激生殖器與性交之間存在的區別之前的很長一段時間內，他們就已經獲知了社會對這兩種行為的不同態度。特別是目前我們的父母和學校進行的所謂的性教育，所講述的通常只是一些解剖知識和生殖功能，而性模式的產生與發展即使是在我們的社會資訊中也極少被談到。

因此這種性教育可以說對人的性行為不會產生絲毫的影響。人們的性行為模式完全取決於個人的性態度，這態度在他的兒童時期，甚至在他們可能獲得任何科學資訊之前的很長一段時間內就已經形成。

3.傳統文化對異性或同性關係的態度在某些三、四歲男孩的身上已經表現出來。只是處於上層的兒童對同性性行為給予承認，但對異性性行為卻矢口否認。這說明在他們之中存在這樣一種看法：與小女孩一起玩耍顯得女人氣十足。這種態度在他們的性觀念和實際性生活的發展過程中發揮了重要作用。一直到青春期，他們就開始接納自己所屬階層的性觀念，成人社會對同性性行為的禁忌也得到他們的認可。因此，這個過程可以說是群體的態度，而非某個兒童的獨立思維。

4.在較低社會階層中，男孩大約在7～8歲的時候對異性性交產生興趣，並坦然將其視為婚前性活動的一種，但是也有男孩早在四歲的時候就持有這種態度。到七、八歲時，低階層的男孩大多都已經知道，許多年長的同伴都在與女孩進行性交，也明白他的這些同伴對性交十分渴望。與此相反的是，在社會上層中，即使是10歲的男孩的性遊戲也僅限於暴露或手摩生殖器而已。他沒有與女孩進行性交的企圖，其原因在於他對這種性交根本一無所知。

5.傳導性道德最為活躍的是少年兒童。成人進行這種活動只能被局限在較小的範圍內。兒童的性遊戲也並非他們自己所創造，只是他們對周圍的成人世界中的實際性活動進行模仿的結果。在這種遊戲中，某個小孩會因為沒有「這樣做」或「那樣做」而受到同伴們的嘲笑和批評甚至懲罰。甚至在兒童們真的開始玩性遊戲之前，他們就已經對遊戲規則十分清楚，就已經開始接受相當生動的性教育。但是這一切發生得太早了，以致大多數人成年以後已經回憶不起來自己從哪裡獲得的性態度。

6.與成人的強制灌輸相比，同伴們傳導的性道德所發揮的作用要大得多。低階層男孩很可能會因為試圖性交而受到父母的懲罰，但年僅七歲的

孩童只會睜大雙眼，不明白父母懲罰他的理由到底是什麼。因為，他並不會覺得自己這種試圖性交的行為到底錯在哪裡，其他的男孩也都是這樣做的，其實孩子媽媽的懲罰也不過是裝腔作勢，因為在她的內心深處對婚前性交其實也不是真的反對。即使父母想把與其所處階層不同的某種性觀念強行向孩子灌輸，其最終結果也通常是父母被孩子所戰勝。

　　整體來說，兒童都屬於順從的群體。他們從某個特定事物中得到的最初經驗，會使他們相信，整個世界就是按照這種特定方式而運行的。任何對這種方式的偏離，諸如搬動家具、更改服裝款式，修改進餐規矩、變動每日的日程安排，都會引起兒童的抗議，「不是這樣的」，但是結果他們都會選擇順從，這種順從主要來自於兒童們的相互的強制，它貫穿於包括性在內的一切事物中。

　　7. 至15歲以後，幾乎任何一個男性都無法從根本上改變自己的性態度或實際性行為模式。確實有一些男性的性活動細節在日後的某些時期內發生改變，還有些人自認為獲得嶄新的性態度。上層男性很容易認為自己的性道德已經更加開放，已經脫離了固有的習慣，行為中的傳統成分已經少之又少了，已經為嘗試任何事情做好一切準備，但是實際上，情況卻非常明顯：一個更為開放的人，幾乎不會做出有違兒時父母教誨的實際舉動。一個這樣的人可以對自己性態度的轉變侃侃而談，為了獲得人們的信任，他甚至可以當眾示範愛撫這類性行為，但是事實上他的性經歷非常有限，只有幾次偶然的非婚性交而已。那些來自軍隊的男性也經常對我們大談特談他們的風流韻事，但是如果從客觀方面進行考察，他們可能根本就沒有跟任何一個女性發生過實際性交，這種吹牛也是低階層男性性模式的內容之一。

8. 當一個成年人的性行為受到他心目中所謂良心的某種東西控制時，他就已經在公眾輿論這類社會力量的左右下生活了。經由這個過程，社會的性態度往往就可以傳導給成年人，這非常接近對兒童的傳導過程。流言蜚語本身的目的就是發出警告，告誡人們不要成為流言蜚語所攻擊的對象。書籍、報刊以及其他大眾媒體都謹小慎微，盡量避免提到甚至刪掉某些性現象，這同樣也是一種警告：千萬不要超越公眾輿論的界線。實際上，談論諸如離婚、婚姻糾紛、社會上的性墮落、人心不古這類話題，對個人性行為的控制作用非常之大，遠超過社會所能運用的一切法律手段。

9. 在我們社會中的大部分性哲學來自於最關心道德問題的教會或有關組織。教會的宣傳經常以一些極不明確的概念為基礎，諸如純潔、潔淨、罪惡、不潔、墮落等等。它們所指出的概念越不明確，其應用範圍就會越廣，因此任何一個人都無法擺脫由這些概念所織成的天羅地網。在這張網中生存的個人，對自己進行審判時往往會比對同伴們更為嚴厲。看來，道德式的價值觀真的是宗教狂們的最好的武器。

10. 無論是成文法還是習慣法，在控制人類性行為方面所能發揮的作用都非常有限。因為在一個孩子有能力讀懂任何法律條文或清規戒律之前的很長一段時間裡，他的性行為模式已經確立並且穩固了。

綜上所述，在目前的美國社會中，15歲左右以後的個人想要完全接受一種嶄新的性行為模式是非常困難的或者根本不可能。即使發生改變，也只是青春期前後兒童偏離父母模式這個活動在日後的結果。

第十章

宗教信仰與性釋放

在人類歷史與現實社會中，通常我們所講的慣例已經演變為道德體系，而道德體系也反作用於慣例，將其正規化，因此在拉丁文裡，慣例與道德這兩個詞的詞根是相同的。在漫長的歷史過程中，任何一個民族都如同捍衛自己的宗教信仰一樣，牢牢地捍衛著自己的慣例，他們的生活習俗也是由他們的道德體系所決定的。性的慣例和道德體系自然也概莫能外。

對現今人們的性行為模式來說，英美的社會結構所產生的影響是巨大的，其中最主要就是英美文化中的宗教背景，它對當今人們的性習俗、性法律和個人的性行為無時無刻不產生影響。我們這種特殊的性道德體系，最早可以追溯到聖經中《舊約》時代的猶太教法典。在目前用來控制性活動的法律條文中有很多細節，都與那時的猶太教法典沒有太大差別。

基督教會禁錮性活動的教會法確定了一種十分穩固的性模式，12～15世紀的英國，習慣法法庭所採用的性法律就是由此模式派生而來的。迄今為止，這種習慣法仍然是美國刑事法庭的判決的基礎和依據。性的宗教戒律一

直都是法律的基礎，而法律則一直以一種正式的方式表達著社會對控制人類性行為的嗜好。

　　對積極參與宗教活動的那些人及與任何宗教團體都十分疏遠的人進行考察和對比，弄清楚他們在總釋放量、發生率、途徑種類、實施頻率等方面存在的差異，我們才能弄明白那些主要源於宗教的社會壓力，對性行為模式所產生的作用。

　　我們將對清教、天主教和猶太教三大宗教群體進行考察，它們幾乎將美國所有信仰的宗教者包括在內。在任何一個宗教群體中，我們又將其分成兩組，一組為該宗教中積極的虔誠者，另一組為不那麼虔誠和消極的人。劃定積極與不積極的標準是：是否長期而規律地參加宗教儀式和教會活動。

整體性釋放

　　無論在哪個年齡段或是在何種教育程度上，正統猶太教徒（比所有人都低）、虔誠的天主教徒和積極的清教徒在性的整體釋放頻率都是最低的。與此相反，各種宗教徒中那些消極和不是那麼虔誠的人頻率最高。由於受所調查的資料的影響，我們只能對大學程度者中6種宗教群體的情況分別進行考察。

　　那些在後來達到大學教育程度的人低於16歲時，按期性釋放由少到多依次為：

　　1. 正統猶太教徒（最少）

　　2. 虔誠天主教徒

　　3. 積極的清教徒

　　4. 消極的猶太教徒

　　5. 消極的天主教徒

　　6. 消極的清教徒（最多）

　　但是在16～20歲期間，這些人的排列順序會稍微有些變化：排在第四位變成消極的天主教徒，排在第五位是消極的清教徒，最高的反而是消極的猶太教徒。

　　在21～25歲之間，順序又會發生變化，第4～6位依次為：

　　4. 消極的清教徒

5. 消極的天主教徒

6. 消極的猶太教徒

其他受教育程度不同的人的情況，大致也是如此。

各群體頻率之間所存在的差異比率也不算太大。一般而言，差距在25%左右，最多的也只不過是相差75%。也就是說，倘若一個消極的教徒一旦虔誠起來，他的性釋放頻率會被教會降低1/3甚至更多。這一點需要透過兩種途徑來實現，一方面教會的循循善誘會直接導致虔誠教徒的頻率的減少；另一方面，被教會允許參加宗教活動的人是那些不參與教會所禁止的性活動的教徒，或是頻率不高的教徒。

自我刺激

在前面的內容中我們已經講過，婚前性釋放最主要的兩大途徑是自我刺激和性交，這兩者之間必然會存在某種相關比例關係。例如，在上層男性和下層男性中，自我刺激頻率和性交頻率皆是呈現反比的。因此，倘若其中一種途徑受到宗教群體規則的壓制，也就必然在無形中促進另一種。

然而遺憾的是，這個推論並不是十分正確。任何一種宗教中的虔誠者群體，其自我刺激的頻率皆是最低的。與此同時，這些人的總釋放頻率也處於最低水準。這種情況不僅在單身教徒和在婚教徒中相同，甚至在任何一種宗教中、任何一個年齡段、受教育程度上也是一樣的。看來，這一點真讓人感到奇怪。

當然，倘若對自我刺激頻率進行單獨考察，那麼越是不虔誠的教徒其頻率就會越高，最高的是那些消極的清教徒，或是有時不去教堂的天主教徒，或是在某些情況下不太積極的猶太教徒。

將自我刺激視為罪惡的「手淫」來進行討伐的做法，始於我們西歐─北美文明建立之初的宗教狂熱，對「手淫」行為的懲罰，幾乎沒有哪個民族像猶太人那樣嚴厲。猶太教法典宣稱，「手淫」是比非婚性交更為嚴重的罪惡。某些婚前和婚外性交案件還有活的赦免的可能，但「手淫」卻是不可饒恕的，必須要嚴懲不貸。這種法理的邏輯，就是猶太人哲學中所規定的原則，即一切性活動的目的都只能是生存繁衍後代。依據這個邏輯，

其結果不能帶來懷孕的任何性行為都是有違本性而變態的，都是一種不可饒恕的罪惡。基督教順延猶太教的這種邏輯，並且使這個禁忌更為嚴厲。迄今為止，這個邏輯仍然被正統教會所堅持，甚至連不那麼虔誠的少年教徒也能受到它的巨大影響。

　　天主教會不斷地向信教的兒童灌輸這樣一種思想：「手淫」本身就是一種肉體犯罪，因為這種行為本身會帶來性的激情與癲狂，這是對人體生殖機能的一種錯用。某些教士則更加離譜，他們認定「手淫是所有罪行中最為嚴重的一種」。早期基督教神學家也特別地對此做出說明：與私通罪相比，「手淫罪」更大。

　　清教稱自我刺激為「自瀆」，即對自我的褻瀆，對這種行為所實行的懲罰與猶太教和天主教一樣嚴厲。但清教發展至今，許多教士已經接受醫學、心理學、生物學的觀點，不再認為它是對身體的損害。可能也因如此，我們發現在積極虔誠的清教徒中，受教育較多者的自我刺激發生率要比虔誠的天主教徒和猶太教徒高。但是仍然存在一些清教團體，雖然他們否認自我刺激有害身體的說法，卻更看重潔身自好，強調努力克制自己不進行這種活動。

　　言而總之，每一種宗教都在持續不斷地努力降低其信奉者自我刺激的發生率和實施頻率。

夜夢射精

　　無論何種宗教，對夜夢射精這種性行為持反對態度的人數都是最少的。因此我們似乎可以做出這樣的推論：虔誠教徒的頻率會高出很多。但是很遺憾，這一點不是正確的。相關資料顯示，虔誠教徒與消極教徒之間

的頻率之間只存在很小的差距。

　　這個研究成果具有十分重要的意義。在目前的性教育體系中，那些喜歡按照道德準則來進行推理的人總是大肆宣稱：倘若禁止一個男孩進行其他的性活動，他的性釋放途徑自然就會集中到夜夢射精上，使其頻率增高，直至其整體性釋放的需要得到滿足。但是，以我們現在所看到的真實資料來說，虔誠的信教兒童的整體性釋放確實有很大幅度的降低，但他們夜夢射精的頻率卻沒有顯著上升。換句話說，在整體性釋放中，夜夢射精的相對重要性雖然得以提高，但其本身的絕對實施頻率卻沒有發生變化。

達到性高潮的婚前愛撫

在此方面，不同宗教群體之間的發生率和頻率差距都是相當小的，而且遠遠小於不同社會階層之間的差距。

在天主教哲學中，用以判定肉體犯罪的一般原則，原本適用於許多愛撫技巧。但天主教卻一直沒有對愛撫行為提出特別的反對，這一點很讓人感到奇怪。其他宗教的年輕信徒也全部反映，他們從來沒聽說過對於愛撫的宗教禁令。即使如此，愛撫行為在現實生活中卻是並不多見的。這其中必定存在某種原因，經過宗教孜孜不倦的教誨，對性的普遍禁忌已經深深根植在大多數人的心底，因此無需明令禁止或可以說明，我們就都已經自覺地放棄愛撫行為了。

婚前性交

與愛撫行為相同，在婚前性交方面，不同社會階層之間存有相當大的差距，甚至可達7倍之多，可是，在不同宗教和同一宗教中虔誠程度不同的人之間，所存有的差距卻非常小，很少超過50％或100％。同樣是下層的男性，消極清教徒的頻率只比虔誠清教徒高1/3；但同樣是消極清教徒，下層人的頻率卻是上層人的6～8倍。在任何一個受教育程度上，虔誠教徒的發生率和頻率皆為最低，但他們與消極教徒之間的差距，遠遠無法與不同階層之間的差距相比。

無論從哪個方面來說，異性性交都可以被看作是人類最重要的性行為，因此各種宗教都極力禁止它在婚姻之外發生，尤其是我們的西歐—北美文化更是如此。然而，即使是在這個方面，宗教差異的作用也沒有社會階層差異的作用那麼大，那麼直接。

　　但是從另一方面來說，各個社會階層之所以會有禁止非婚性交的慣例，主要是因為在我們的文化史中持續數百年之久的宗教訓誨。上層社會中的虔誠教徒覺得自己從事反對婚前性交的行為是為了保證社會道德更加純潔。婚前性交同樣會受到同一階層的消極教徒們的反對，然而他們這樣做的目的只不過是為了保持體面和正派。不過兩者之間的差異可以說微乎其微，可以忽略不計，因為他們的依據是同一種宗教哲學。

　　在低階層的男性中，那些最消極的教徒對婚前性交表現出十分坦然和隨意的態度，並予以接受。同階層中的虔誠教徒，即使是「知道這是一種罪惡」，有時候也會因此而引發道德心上的煩惱，但是他們的實際婚前性交卻差不多相等。在低階層中，無論教徒是否去教堂，也無論他們對自己的信仰具有怎樣的忠誠程度，婚前性交的頻率都要比上層社會高出許多。因為他們全都認為，性交乃是人類的一種本性，既然上帝如此造就了男人，那麼就不可避免地會發生性交活動。

　　教會對婚前性交的禁令遠沒有對「手淫」的禁令有效。許多人很容易就接受對「手淫」的禁令，但是因為他們所處的階層十分看重性交行為，因此執行這種禁令對他來說就是十分困難的。以此看來，倘若教會想要進一步制止婚前性交，那就必須改變整個下層社會的思想觀念，而從目前的情況來看，要做到這一點尚需很長的時間。

婚內性交

和前幾項的活動相反，教徒們的婚內性交的狀況一直受到宗教信仰的忠誠程度的影響。在每個年齡段中的虔誠教徒，其婚內性交頻率均比消極教徒低20％～30％。無論哪個受教育程度來看，也都是這樣的情況。這可能是由於虔誠教徒對婚內性交的數量具有不同的認識和評價，但是在這個方面還需要做進一步的調查和研究。

同性性行為

在信仰同一種宗教的人中，具有高中以下教育程度者的同性性行為的頻率，要比大學教育程度者高出2～5倍。在受教育程度相同的人中，消極教徒仍要比虔誠教徒高50％～150％，但是在某些情況下只高10％。

對同性性行為的禁忌最為嚴厲的就是猶太教。基督教（包括天主教和清教在內），從創始那一天起就一直對同性性行為嚴令禁止，但將同性性行為稱為罪惡的論述在它們的宗教文獻中卻不常見，也不太公開，其數量少於對「手淫」和婚前性交的禁令。因此，就算同性性行為真的發生在最虔誠的教徒身上，一般情況下他們也不清楚教會對此事的態度究竟是怎樣的。因此，除了同性性行為在猶太教中數量非常少的原因之外，也在於由於宗教虔誠程度的差異所產生的差距並不是很大。

道德的宗教基礎

　　每種宗教都極力強調性道德問題，然而它們之間卻存在很小的差異。它們都只是信奉性就是為繁衍後代的哲學，任何不可能造成生殖後果的性活動在它們那裡都是一種道德錯誤。它們全部都禁止「手淫」行為，婚前貞操的重要性被它們提到令人膽戰心驚的高度。它們之間存有的唯一差別只是在於：猶太教頑固地堅持猶太教法典和聖經中的原始訓導，而天主教哲學卻可以因時而異地重新做出解釋，但它將任何婚外性行為都看作是不道德和變態的基本原則，從來沒有改變過。

　　這些戒律得到虔誠的天主教徒也狂熱的奉行，它們一般也是教徒人格的主要影響因素。他們不但限制自身的整體性釋放水準，也拒絕接受釋放途徑有任何形式的變化及多樣化。天主教會始終遵循一條原則，即哪個教徒在性活動方面表現較為積極，他必定不是一名好教徒。

　　清教教會對性的禁忌態度表現得不鬆也不嚴，清教徒群體的性活動水準也因此表現得不高不低，這是一種中間狀態。但是，清教教會內部不同教派對性的態度卻截然不同，而且，即使是在同一教派中，不同教士對性道德標準的解釋也存在很大差別。這裡也存在一個有趣的現象，即那些自由主義色彩更為濃厚的清教教派，對性所做出的評價往往與刻板的猶太教法典和天主教的教會法更為接近；而在這個教派中信奉自由主義的具體教士們，反而更傾向於按照現今的通行社會標準來對任何形式的性行為進行

重新評價。

　　猶太教、天主教和清教的創立基礎也有明顯的不同之處，歷史發展過程也存在很大差異，但它們的性哲學實際上卻大致一樣。在三種教會中虔誠者與消極者的差距都非常小。唯有正統猶太教徒例外。他們除了在婚前愛撫與婚前性交方面與其他宗教徒相近之外，自我刺激、夜夢射精、同性性行為的發生率與實施頻率，以及整體釋放的頻率，在各個教派中均是最低的。

　　正統猶太教徒在性方面都抱著十分消極的態度，但是大部分歐洲人卻存在十分嚴重的反猶情緒，這真可謂是怪事一樁。但是，更值得我們注意的是，猶太教徒說到底，與清教徒和天主教徒並沒有什麼分別，它們都必須遵循宗教的一般規律：非正統猶太教教徒的性活動水準，也同樣遠遠高於正統教徒。

　　正統猶太教徒的性消極，是由猶太教法典和猶太性哲學嚴厲壓制所造成的。即使那些稱不上絕對正統的猶太人，即使那些根本沒有猶太族生活習俗的猶太人，即使是那些很久之前就已經脫離猶太人社會的猶太人，在很大的程度上仍然受到猶太教法典所規定的性道德的控制。當然，在人們的一般印象中，猶太人談論性問題時要遠比其他宗教徒更公開、更自由。他們可以記錄下自己性行為的具體細節，並對其進行自由討論，無論與之對話的是何人，猶太人或者素未謀面的陌生人。但是，我們必須要清楚，這種性的言論自由與他們的實際性活動之間幾乎不存在任何關聯，談論得多並不意味著做得就要多。對這種現象所做的任何解釋，都離不開數千年前就已形成的猶太教性哲學的作用。

　　教徒們不同的虔誠程度會產生不同的作用要大於不同的宗教歸屬作

用。消極教徒的整體釋放頻率要比虔誠教徒高出25%～75%，特別是自我刺激、婚前性交、婚內性交和同性性行為。

在我們數百年的文化史中，一直以來，個人都受到教會的巨大影響，無論其是否虔誠，即使他只是盲目從眾。對任何一個群體來說，由其性慣例凝聚而成的社會對性的態度，無論在何時何地，其重要來源都是各種宗教戒律。或許有人會說，所謂的制度是人們的經驗和智慧所締造的，可以代表各種宗教的倫理體系，並且由此形成整體的社會態度。這樣一來，這樣的倫理體系就必然是出自神的啟示了。究竟是宗教、社會和法律的制度先於人們的社會經驗，還是人們的社會經驗先於行為規則的制度化呢？倘若對這個問題不進行更細緻深入的歷史研究，最終是無法做出結論的。

歷史上，當教會法庭可以決定每個人的生和死的時候，那些由於違背性戒律而受到嚴厲懲罰的人，當然會對所謂性道德的最初來源有一個清醒的認識。時至今日，還是由於宗教法庭的判決對大多數人來說已經失去效力，教會對人的影響也不那麼直接了，於是人們就無法分辨性道德的真正來源了。但是實際上，大多數人用來約束自己的性生活的那些態度、觀念和意識的主要來源依然是古代的宗教戒律。

任何一個社會階層都不會一成不變地全盤接受原始的猶太教與基督教戒律，然而任何一個階層的禁忌都來自於該宗教的基本哲學。人們將性行為劃分成正確的與錯誤的、符合本性的與背離本性的。在這種劃分依然是猶太教和基督教那種性只為生殖的觀念使然。低階層對裸體的禁忌是由於猶太教和天主教歷史傳統的影響，上層社會禁止婚前性交和婚外性交也不例外。當然，不可否認的是，雖然有些特殊的個體幾乎已經全盤接受他所屬宗教的所有戒律，但每個社會階層的性模式都會在某些方面偏離任何一

種宗教，例如低階層對婚前和婚外性交所持的寬容態度、上層社會並不反對裸體等。

然而，令人遺憾的是，有些人一方面宣稱自己已經完全擺脫了宗教規則的影響，但另一方面他卻以實際行為堅定地捍衛著教會的法理體系。他承認某些人類的性行為是反常的、不道德的、違反本性的和變態的，而僅有很少的一部分性行為是美好的、符合倫理的、值得社會讚賞的、成熟和有知識的人應該進行的。宗教傳統正是在這種自相矛盾之中，被他傳承下去，使之經久不變了。

第十一章

自我刺激

　　在之前的各章中主要闡述了性釋放的種種影響因素。在以下的各章中將分別對不同的性釋放途徑進行研究。前面我們曾經引用過一些資料，在之後的各章中，我們將重點對這些資料進行解釋，分析各種行為類型的性質，闡釋個體的差異，研究各種途徑之間的相互關係，論述它對個體和社會階層所存在的意義。

自我刺激的定義

　　自我刺激這個術語：是指自己對自己實施的任何一種能引發性欲喚起的刺激行為。由於任何一種觸摸行為、觸摸反應及觸覺感受都是性活動的基礎，因此我們將自我刺激這個概念的範圍擴大到一切有觸覺刺激的行為和狀態。佛洛伊德和許多精神分析學家以及門診醫生都在廣泛的意義上運用這個概念，尤其是在涉及至幼兒的行為時。在這種意義上，自我刺激現象就是十分普遍的，無論是男性還是女性，下至剛剛出生的嬰兒，上到瀕臨死亡的老人。然而，一般公眾和大多數醫生在實際生活中所運用的「自我刺激」的這個概念，並不擁有如此廣泛的含義。自我刺激一詞在通常意義上只是局限於那些為了達到性欲喚起的行為。因此，偶然對自己的觸摸是不被列入其中的，因為這種行為的實施並不是為了喚起性欲。但除了觸覺刺激之外，只要是為了達到性滿足，其他任何一種感覺上的和精神上的刺激都可以被認為是自我刺激。與此相反，摩擦或撫弄自己的身體甚至生殖器，只要沒有引發性喚起，就不能歸為自我刺激。在此書中，自我刺激一詞就是在這種意義上使用的。

　　在經過如此嚴格的限定以後，自我刺激行為就再不像一些心理學家和精神病學家所說的那樣每個人都具有了。這主要是排除了嬰幼兒中的自我刺激。在科學可以證明他們確實從中獲得性滿足之前，他們的觸摸行為並不能稱為自我刺激或者「手淫」。

自我刺激的發生率與實施頻率

總發生率

在總人口中，有92％的人有過運用自我刺激而達到性高潮的經歷，大學程度者中有96％，高中程度者中有95％，高中以下者中有89％。由此來看，許多醫生認為，任何一個男性在一生中的某個時候都有過自我刺激的說法並不是那麼準確。某些人之所以從未有過自我刺激，只是因為他們的性驅動力不足。他們藉以達到性高潮的手段主要是夜夢射精，他們也不會在這種方法之外去尋求其他釋放途徑了。還有一些人，特別是社會底層的青少年很早就有了異性性交，因為未曾發生過自我刺激，也不太需要其他的釋放途徑了。還有一些反應較遲鈍的人，不能透過自我刺激而達到性高潮，在經歷失敗的嘗試之後，就再也不去染指，這些人就構成只佔很小比例的無自我刺激者。

在我們之前，就有很多人對自我刺激現象進行過研究。從1902年到1947年，美國至少有16位學者寫過與此相關的專著或論文。其中與我們的研究成果接近的有11篇，5篇的發生率要比我們的要低。從1902年到1937年，至少有3篇專論對歐洲人的自我刺激進行研究，其發生率也近似於我們的結果，即在85％～96％之間。因此，我們完全有理由相信，那些研究報告的發生率之所以偏低，必然是由於調查失真所造成的。當然，我們必須

明白，自我刺激行為在某種群體中不僅是一種禁忌，甚至還會受到嚴厲的懲罰。雖然許多大學生可以滿不在乎地將自己的自我刺激情況和盤托出，但是在其他許多群體中的男性，總是先講自己其他種類的性活動，最後才勉為其難地吐露自己也曾經有過自我刺激的經歷。

另一方面，男性的發生率高並不表示女性的發生率也高。

前青春期的自我刺激

男孩中有68.4%的首次射精是透過自我刺激而實現的，其餘的是透過夜夢射精和異性性交。各階層所顯示的情況大致相同，但青春期開始較早的男孩中透過自我刺激實現首次射精的佔72%，開始最晚的只佔52%。

如今，幾乎每個男孩在親自嘗試之前，就都已經對自我刺激略有耳聞了。在高中以下和高中這個層次裡，絕大多數男孩都曾親眼目睹過同伴的自我刺激行為。但大學程度者卻對此疑惑不解，因為在他們所處的那個階層中，男孩們主要是自己發現自我刺激這種方法的。當然，青春期初期過去之後，很多男性便再也沒有機會親眼目睹其他男性的性活動了。因此，透過目睹而引發男孩們自己的首次自我刺激，就成為一個需要特別關注的現象了。對女性來說，自我刺激的方法更多地是由自己獨立發現的，而且在此之前，她們通常對其他女性的此類性活動一無所知。

對很多年紀較小的男孩來說，只是依靠自己對自己的刺激並不足以獲得性滿足。如果用成人中流行的方式來對他進行刺激，他通常都會被喚起並且達到性高潮。因此，這種情況也屬於自我刺激之列。

9歲之前就開始進行自我刺激的男孩不超過10％，10歲以前開始的為13％，即使將成年人在回憶時有可能失真或遺忘的因素考慮進去，10歲以

前也不會超過16％。其餘大部分男孩都開始於13歲之前。

很少有男孩在持續而有規律的性欲勃發出現之前，開始真正的自我刺激。也就是說，倘若付出的努力換不回滿意的回報，男孩們並不會對自我刺激產生多大興趣。

有些男孩對自我刺激行為很清楚，也對這種方法帶來的的性高潮感到十分滿意，但是也有些男孩對所發生的事情根本一無所知，更無法用在同伴們中通用的話來命名或描述。男孩的自我刺激通常在幾分鐘內便可以了事，即使中途被打斷，他也會覺得已經足夠了。這就是說，他既可以達到性高潮，也可以僅釋放一些性的內在張力。一些男孩和許多成年人都有這樣的回憶，自己在具備實際射精能力之前，就已經體驗到了某種特殊的性高潮。

成年人發現進行自我刺激之後的小男孩總會十分苦惱，再加上很多醫生又火上澆油，去「治療」孩子們正常的生物本能。我們必須在此澄清：我們數以千例的調查資料顯示，無論對很早就開始實施自我刺激的兒童，還是對青春期或更晚實施的男孩，自我刺激均不存在任何傷害。

即使從社會價值的角度來說，我們同樣也可以說：很早就開始自我刺激絕對不會對兒童的心理平衡造成干擾。令他們心理失衡的倒是其他一些情況，例如：兒童「手淫」一旦被發現就會受到成人的譴責或懲罰，並公開他的「醜事」，或是用其他種種方式打破他的心理安寧。即使那些從不懲罰孩子的父母，在知道了孩子的自我刺激行為之後也會感到非常不悅，因為這種行為在父母看來是被禁止的，或者也是因為他們並不習慣目睹任何形式的性活動。因此，他們對此感到無所適從，只好大驚小怪，或者強顏微笑，假裝視若無睹，或者偷偷摸摸地監視起自己的孩子在此方面的所

有活動。這一切都會使兒童感知到父母對他的行為感到十分苦惱，會使兒童認為性活動是一種完全不同於其他日常事務的怪事。這是因為兒童，甚至嬰兒和幼兒對其他人的反應非常敏感。倘若兒童對自己的行為感到苦惱或困惑，他一生的個性都會被焦慮和不安的色彩所感染。這個方面的例子在精神病學家和心理學家那裡簡直不勝枚舉。

如果父母不想讓自己的孩子因為自我刺激而產生苦惱，那就唯有接受這種行為，既不使它顯得那麼特殊或重要，同時要讓孩子明白，如果在他人面前進行自我刺激，必然會受到社會的非難。當然，其他孩子或成人發現此事後做出的粗暴反應很可能會干擾甚至破壞父母在家裡對孩子的耐心教導。但是也有很多父母幫助了自己的孩子成功地度過了這個難關。他們的教育方式使孩子能夠逐漸地認識到，在家裡可以做的、父母也可以接受的事，在外面是不可以做的，因為其他人「只是出於無法理解」。這樣便培養了孩子快速的適應能力。

青春期的自我刺激

倘若自我刺激行為開始於前青春期，那麼它幾乎在整個青春期內不可避免地得到延續。

對於每個社會階層中的大多數男性來說，自我刺激是青春期初期最主要的性釋放途徑之一，並且會在這個時期內達到其頻率的最高點。倘若後來他轉而與他人進行性接觸，自我刺激頻率就會有所下降。

男性自我刺激的頻率，因人而異，差別很大。有些人從來未曾有過，有些人一生中僅有過一兩次，還有些人長期以來每週平均有20次甚至更多，有人的高頻率會一直持續到結婚，也有些人婚後直到老年仍保持在每

週3～4次的水準，有一些人到了70歲依然會有，但沒有了性高潮，有些頻率高的人比頻率低的高出幾千倍。據我們調查所得，青春期初期的最高頻率為平均每週23次，在20歲時最高為每週15次，在50歲時最高為每週6次，60歲時為兩週1次。在這裡我們要再次指出，自我刺激即使是對這些頻率最高的人來說，也不會對人體本身造成絲毫的損害。同時我們也要說，歲數較大的男性經常這樣警告處在青春期男孩：倘若你總是「手淫」，最終會為自己帶來某些損害。其實這些較年長的人只是意識到了自己的自我刺激頻率下降之後，才會對男孩們做出如此的說教，而且這種所謂損害，其實也並沒有在他們自己身上發生。

在任何一個群體中，結婚後仍然繼續進行自我刺激的人數，即發生率，並沒有呈現直線下降的趨勢，只是實施頻率有所下降而已。在大學教育程度者中，結婚後仍然繼續進行自我刺激的人佔69％，但婚後初期其頻率卻只有約兩週一次，之後還略有下降，但低階層的情況會有所不同。高中以下者的發生率降為29％，高中程度者降為42％，他們的實施頻率都不會超過每3週1次。大部分婚後的自我刺激行為都發生在夫妻分開的時期內。有一些丈夫原本已經多年沒有再進行過自我刺激，但離開妻子之後便又故技重施，以求得適當的性釋放。這種情況在大學程度者中多有發生，有時候，因為妻子不想按照丈夫的性交頻率，或者恰逢妻子懷孕、來月經、生病之時，也會發生這種情況。不過，也確實存在一些丈夫不考慮與妻子的性交次數的多少，而將自我刺激當作成改換性生活的一種方式。

各階層的不同情況

以大學教育程度者中自我刺激的發生率和實施頻率為最高，以高中以

下者為最低。後者中有些人只發生為數不多的自我刺激，有些人的持續時間也僅為一兩年。16歲時，已經有16%的低階層人便不再進行自我刺激行為，20歲以後停止實施的人已接近40%。即使在十幾歲時，在所有性釋放途徑中自我刺激所佔的比例也僅為29.2%。

處於低階層的大部分男性都無法理解，一個成年人怎麼會想到「手淫」呢？特別是那些已經結婚並和妻子生活在一起的男性，為什麼還要選擇這種方式呢？其實，這是由於低階層社會嚴格禁止自我刺激所導致的。人們都認為「手淫」會使人瘋狂、生瘡、體弱或造成其他生理危害。但是在多數情況下，原因無他，只是因為「手淫」有違天性。在低階層中流行著這樣的性哲學：性行為有好壞之分，好的可以進行，壞的就要反對。自我刺激之所以得到上層社會的廣泛接受，實際上也不是因為他們具有這個方面的科學認識，只不過他們對婚前性交的禁忌非常嚴厲而已。他們也不是真的更偏愛於自我刺激而不喜歡非婚異性性交，一切都是由禁忌所造成的。

當然，現在與22年前相比，上層社會中的自我刺激行為已經更為自覺了，人們普遍將它視為一種客觀現實並予以接受，同時，有越來越多的人能夠以真正的科學態度來對待它。下層社會的整體態度雖然沒有太大變化，但年輕一代的自我刺激開始得更早，發生過的人也更多，其實施頻率也已經是上一代人的兩倍了。

自我刺激的技巧

　　在此方面個體間還存在極大的差異。通常來說，實施者的目的都是十分明確的，即透過刺激生殖器官來達到性高潮和性滿足。當然也有很少的一部分人有意避免性高潮，但其中有一些只不過是為了將其推遲，從幾分鐘至一個多小時不等。大部分男性都想盡可能快地達到性高潮，一般在兩分鐘以下。某些人每次都能在半分鐘左右便達到性高潮，更有甚者，只需10秒或20秒便可以了。

　　有些男孩以陰莖觸碰床或其他物品來進行自我刺激，但是大多數人只有一兩次會這樣做。但是，令人吃驚的是，這種方法似乎只流行於某個特定的社會階層中，但是由於缺乏這個方面的資料，對此我們暫且不做出任何定論。有此行為的人通常是把這種自我刺激想像成和真實的異性進行性交。一些門診醫生特別喜歡把這種技巧推薦給求教者，據說這樣做的目的是為了防止性幻想的發生，並且可以對今後的實際性交發揮過渡作用。其實這完全是沒有必要的。根據我們的調查，大多數人都更偏好於採用手摩進行自我刺激，而他們也全部都已經適應了日後的異性性交，並且獲得很大程度的滿足。有一點應該引起我們的注意：始終採用這種技巧的男性的性幻想恰是同性性摩擦或肛門性交。

　　雖然調查存在很大的難度，不運用特殊的詢問方法，許多成年人是不肯承認的，但是也有相當一部分人能夠坦然相告，自己確實曾經嘗試進行

自我口刺激，特別是在青春期初期的時候。據別人的調查結果顯示，這種行為主要發生在類人動物中，人真正所能做到的也不過其千分之一、二而已。但是我們知道，在人類的性行為中，口刺激和生殖器刺激之間有非常緊密的關聯。每個科學家都必須承認，任何一種口刺激都是人類正常性活動的一個方面。因此有不少男性都曾試圖進行自我口刺激，這個現象是屢見不鮮的。只是在某些文化中，口刺激行為才會受到嚴厲的鎮壓。

很少有人運用其他技巧，主要是在受教育程度較高的人中，那些富有想像力和不願意與他人發生性行為的人仍一直只用1～2種能讓自己滿意的技巧。

幾乎全部的男性都會在自我刺激的過程中產生性幻想，而這種情況女性中則並不多見。我們這裡所謂的性幻想，遵循的是一般意義上精神病學和心理學對它的定義，具體的幻想形象到底是什麼樣，主要取決於實施者的興趣，很可能一個喜歡兼性性行為的人，有時候幻想自己在和異性性交，有時候幻想在與同性性交。當然，與夜夢射精相同，性幻想的具體內容與實施者的真實性行為之間可能存在多大差別，並不能據此得到結論。

許多人在進行自我刺激時，還要輔之以觀看自己的生殖器。雖然他們之中的大多數人根本不存在任何同性性行為的意願，但是這種方式在某種程度上確實可能具有這個方面的意義。絕大多數，但並不是所有，不完全同性戀者的行為就是如此。某些絕對異性戀者則會完全避免這類行為，他們會在黑暗中進行，以使異性性交的幻覺形象盡善盡美。人們一直在爭論這樣一個問題：自我刺激究竟是一種自戀的過程，還是一種社會交往行為？但是，除此之外，他們並沒有意識到，只有根據實施者的個人意向，才可以對此做出判定。

自我刺激與其他釋放途徑的關係

一般而言，夜夢射精頻率最高的人，自我刺激的頻率就會相對來說較低一些。但是從另一方面來說，自我刺激頻率高者，卻極少會使夜夢射精的頻率有所降低。

自我刺激與婚前對女性的愛撫之間存在一定的正比例關係。但是，因為這兩種行為皆是上層社會中所佔比例最多的，所以這種正比例關係極有可能並不是兩者相互作用的結果，而很可能產生於上層社會中的性哲學。然而，手摩生殖器的經歷，確實有可能有助於對異性的愛撫技巧。

自我刺激與婚前性交有的時候呈反比例關係。倘若有足夠的異性性交，可能自我刺激就不再需要了。倘若存在足夠的自我刺激，又可能使尋求性的社會交往的內驅力得到削弱。如今，那些對這種說法深信不疑的人正在大力推行自我刺激，以減少他們所認為的不道德的婚前性交。但是，還有另外一些人，其中包括不少心理學家，卻覺得婚前自我刺激會使對異性性交的渴求有所減少，那可真是太不幸了。因此，這兩者之間到底存在怎樣的關係，需要更深入的客觀研究，而不能用價值觀來進行指導和判斷。

自我刺激與同性性行為之間也不存在十分明確的關係。雖然我們發現，對自己的生殖器產生興趣，有可能會對其他男性的生殖器也感興趣。但是，有關於這個方面的例證還遠遠不夠，不足以下定論。

自我刺激的意義

在人類的性釋放途徑中，異性性交和自我刺激行為是最為普遍、最為主要的。大多數男性都將異性性交放在首要位置上，自我刺激次之，但是大學教育程度的未婚者的情況則與此不同，自我刺激才是第一重要的。在人們的生活中，很難否定、控制或者剔除這種重要的活動。科學家們不願再對那些試圖去消滅「手淫」的道德狂熱進行評論。但無論這種狂熱是在心理學、社會學還是生理學的名義下，都應該服從於科學驗證的結果。

古老的猶太教和基督教只會將「手淫」視為不道德和違反天性的行為。在最近幾年，隨著人們對科學的日益尊重，衛道士們的理論也轉而從生理和精神危害著手，來反對「手淫」。每一種想可以想到的病痛都被推為是「手淫」所導致的，從生瘡到精神錯亂。肩膀歪、體重急劇下降、疲憊、失眠、一般性體虛、神經衰弱、呆滯、視力下降、消化不良、胃潰瘍、陽萎、智力低下、生殖器癌症等等包羅萬象，不勝枚舉。誰家若是生出了不正常的孩子，鄰里們便都會將他視作「手淫」惡果的反面教材。即使在精神病醫院中，那些被認定為由於「手淫」而引起疾病的人，仍然會受到隔離監護。反過來，精神病人即使在大庭廣眾下也會繼續實施自我刺激，於是這個「現象」就成為「手淫」導致精神病的確鑿證據。其實，在大學裡的學者教授中也存在幾乎同樣頻率的自我刺激的行為，只不過他們的生活不容易被外人知道而已。人們給醫院裡數以千計的精神病人穿上緊

身衣或採取其他手段，以達到禁止他們「手淫」的目的，更方便對其控制和治療。直到今天，仍然有些精神病院還在實行這種做法。

成千上萬的男孩生活都被對「手淫」無休止的精神討伐所佔據。即使如此，很多男孩還是要忍不住要「手淫」，仍然有許多男孩陷入到克制——復發——再克制——再復發的循環之中。這對一個人的人格所造成的危害是再大不過的了。

在最近的幾十年中，教育學家、精神分析醫生、心理學家和許多受過普通醫學教育的人士全部都認為自我刺激對身體產生的影響，與其他任何一種性活動並不存在本質的區別。如果說自我刺激能夠引發精神方面的損害的話，那也是由於對「手淫」的譴責的恐懼所引發的內心衝突所造成的。

我們所調查的5300個男性之中，有5100人都曾有過自我刺激行為。有些人經常會為此而感到焦慮不安、不斷引發內心衝突、恐懼社會的譴責，時常擔心日後的性能力的削弱，甚至有了輕生的衝動，這都是由於聽信了「手淫有害」的訓誨所導致的。沒有以上想法和狀態的男孩則獲得一個經常鬆弛神經的途徑。他們之中有許多人在各方面都比前者生活得更好，心理更為平衡。1917年時，美國全國醫學學會曾認為，禁止性活動「不會與身體、精神和道德方面的最高效能相抵觸」。但是，現今的大多數醫生和學者均對此表示懷疑，而我們的研究得出明顯相反的結論。

還有一些人，並不會如此誇大「手淫」的危害，但是他們卻在這樣對男孩進行勸告：現在偶爾實施的「手淫」也許不會對你造成傷害，然而一旦這種行為成為你的終生習慣，在今後的某個時候，你就會因此而就醫看病了。由於這些勸告者從來不會說明這個「日後某時」到底是何年何月，

結果那些篤信這種說法的男孩就開始惴惴不安，擔心這一天的到來，隨時被那個神秘的危害臨界點所困擾。然而，實際上這種巧妙的間接的譴責對男孩人格所造成的危害，一點也不遜色於往日的極端禁令。因此，我們必須再次說明：性反應和許多其他生理功能一樣，也有其自我調節機制。這個簡單道理是顯而易見的，幾乎連傻瓜都知道。一個人的生理達到極限後，就不會再有性的反應，也無法再勃起，甚至什麼刺激都不會產生作用。在一生當中，可能有少數男性有過一兩次試圖創造重複性高潮的紀錄的經歷，但是連續自我刺激的結果是極度疲勞甚至是身體局部的疼痛，除了精神病人以外，或許不會有人這麼做。

一般說來，那些生長在歐洲而現在卻在美國就業的精神病學者，都會將自我刺激視為嬰兒用來替代異性性交的手段，認為異性性交是性的適應與調節良好的表現。因此，當他們發現美國男人在成年之後依然進行自我刺激後，大為吃驚，甚至將婚後的自我刺激視為生理上的病態表現。當然，這反映的只不過是他們自己的歐洲道德哲學。與此相反，土生土長的美國精神病學家卻可以很自然地接受自我刺激這個行為。

對上層男性來說，自我刺激行為多少帶有逃避現實的意味。這對他日後人格的發展所產生的影響是需要多加注意的。除此之外，我們還要指出，在55歲具有大學教育程度的整體性釋放中，採用婚內性交的只佔62％，尚有19％是透過幻想來實現的，包括自我刺激和夜夢射精。因此，對自我刺激的社會意義進行研究時，必須將這些和另外一些特殊情況考慮在內。

第十二章

異性愛撫

在過去十多年裡，婚前男性與女性的肉體接觸，已經遠非老一代們的緊緊擁抱和只有接觸嘴唇的親吻所能企及，更有甚者還會包括夫妻那種性交前愛撫刺激的全部技巧。

年輕人將此稱之為愛撫。包括各種接吻在內，愛撫範圍如果不低於頸部的，叫做交頸撫。觸及軀幹正面和背面，但通常不包括性敏感部位的，叫做淺撫，或只是稱為愛撫。特意去刺激女性的乳房或陰戶，或反過來女性有特別刺激男性生殖器的，叫做深撫。儘管高中和大學的大部分男女學生都會多少將愛撫視為通用的和適宜的婚前行為，但是考慮到道德的因素，其中一些人卻總是避免使用愛撫這個詞，除非專指性交前和導致性交的那種愛撫。

本書中所謂的愛撫是指以任何方式來進行的肉體接觸，但必須具有能夠引發性欲喚起的主觀意圖，雙方生殖器的接觸與交合並不包括在內。因此那些引起性反應的偶然觸碰並不能被稱為愛撫。單純的接唇吻要視其目的與效果來決定是否為愛撫行為。愛撫並不是總會引起性欲勃發，但只要是有此明

確意圖就應該被視為愛撫行為。最基本的愛撫行為有以下幾種：接舌吻、唇吻、交頸撫、淺撫、深撫。愛撫的範圍與性喚起的程度並不一定成正比。有一些十分簡單的接觸，例如只是輕輕的觸摸或單純的唇吻，對某些人所產生的效果就會與手摩生殖器是一樣的。所以，我們決不能忽視性的激情及其意義。這樣一來，就可以將愛撫定義為最終達到性高潮的那些愛撫行為，而不論其動作本身的性質如何。在這種性活動中，心理因素要顯然比生理因素更加重要。

本章所論述的愛撫，僅限於單身男性的婚前愛撫活動。但近年來，愛撫也漸漸成為婚外性關係中的主要內容之一。一些並不想實際發生婚外性關係的男性認為，倘若他們與別的女人只是愛撫一番，他們仍然可以保持對自己妻子的忠誠。在上層社會的許多社交活動中，例如雞尾酒會、舞會、戶外兜風、晚餐後的聚會等等，是允許在婚男性與別人的妻子發生這種調情和肉體接觸的，即使有時相當公開和頻繁，也不會因為雙方配偶在場而遭到制止。不過很可惜，在調查的最初幾年裡，我們對這種婚外愛撫的意義和廣泛程度缺乏真正的理解，結果導致收集的資料不足，因此無法對人類性行為的這個方面做出報告。

愛撫的發生率與實施頻率

在青春期之前的所有行為中，幾乎不存在可以被稱得上愛撫的行為。從青春期開始，男孩們越來越能理解自己性欲喚起的意義，在年長同伴的示範作用下，他開始以一種更為特殊的手法來觸摸自己在社交中結識的女孩。在青春期初始時，由愛撫而引發初次射精的男性只佔0.3%，但是到了15歲時，就已達8.4%，並且在20歲之前持續增長。

根據我們所做的調查，大約有88%的男性人口都實施過愛撫行為，其中28%的人在婚前就有過以愛撫方式達到性高潮的經歷。大學程度者中有過愛撫的超過85%，其中婚前即透過愛撫方式達到性高潮的超過50%。考慮到與上一代相比，現今的年輕人更多地使用愛撫的方式，這些就是十分可觀的資料了。

在婚前的各個年齡段中，由愛撫方式而達至性高潮的人佔18%～32%。其高峰時期在16～20歲之間，佔1/3左右。

曾有過愛撫的人，其頻率也非常高。在21～25歲期間，大多數人都可以達到每週7次左右。當然，有些人數週、數月甚至數年都沒有愛撫機會；有些人則在婚前就已經愛撫過數十、數百名女性；有些人只對未婚妻一人實施過愛撫，其間的個體之間存有巨大的差異。愛撫對社會的意義遠大於自我刺激，因此一個人想要真正瞭解人類社會，首先必須要對愛撫有所瞭解，而且必須承認其複雜性及多樣性。

婚前愛撫主要發生在16～20歲，具有高中和大學教育程度的人之中，其發生率均高達約92％。高中以下者中僅為84％。之所以後者的發生率較低主要是由於高中以下教育程度的人通常只是在實際性交之前才擁抱對方，唇對唇地與對方接吻一兩分鐘，卻沒有像大學生那樣的性刺激意圖。在上層社會中，人們的愛撫可以持續很久，甚至成為持續數小時的激情迸發的性遊戲，而且一般並不會導致實際性交的發生。因此，30歲以下的單身男性由愛撫方式而達到性高潮的，在高中以下教育程度的人中只佔16％，在高中程度者中佔32％，在大學程度者中則超過61％。

　　最高的愛撫頻率出現在21～25歲之間，其中能夠達到性高潮的為每3週1次或以上。之後，一方面由於他們的異性性交不斷增加，另一方面由於一部分人已經開始出現了性冷淡，甚至有些人開始同性性行為，因此其頻率呈現出逐漸下降的趨勢。

　　在任何一種分層中，愛撫在整體性釋放中所佔的比重都非常低，16～20歲的人約為6％，30～40歲的單身者為10％。愛撫所佔的比重要低於夜夢射精，比愛撫更低的只有與動物性交這種方式。但愛撫和受教育程度有一定的關係，在高中和大學程度者的性生活中，它仍然是非常重要的內容。

愛撫的技巧

愛撫的技巧包括除了兩性生殖器直接交合之外的全部行為方式。愛撫一般開始於接唇吻。對某些處於低層的人來說，在任何情況下的接唇吻都被認為是一種禁忌，但是在高中和大學程度者中，男女接唇吻確實一種相當普遍的情況，這類事件有時在第一次約會時就會發生。除了特殊的用意外，它所具有的性意義因其普遍性反而要相對小得多。單純的接唇吻可以發展為舌吻，這種吻可以達到刺激口腔的程度，也可以在不需任何其他肉體接觸的情況下達到性高潮。

隨著雙方逐漸熟悉以後，愛撫便可能發展至手摩女性乳房，以口刺激女性乳房，手撫陰部與周圍敏感性帶，口刺激陰唇和陰蒂。高中以下者很少會做超出撫摩女性乳房之外的性活動，但有很大一部分高中和大學教育程度者會進行更進一步的愛撫。所有男性中約79%～91%的人在婚前就是如此，21%～31%的人婚前就有以口接觸生殖器的行為。

大多數愛撫行動都是由男性為了刺激女方而主動發起的，這種單方面的活動絕不是人的生物屬性的產物。在某種程度上，女性的被動是我們的文化及其所規定的、女性成長中接觸到的性模式所造成的。男性在愛撫過程中，從自己與女性的接觸活動中得到性的刺激，這就已經足夠了。

上層階級與下層階級在愛撫方面存在的差異和衝突，很明顯是兩種道德體系、兩種文化模式之間衝突的表現。唯有那些接受原本群體傳統道德

的人，才會認為另一種是錯誤的。能不能僅發生愛撫而不進行性交，在上層人士看來，是一個道不道德的問題；而在下層人士看來，則是一個能否能被理解的問題，這取決於他是否明白一個精神健全的人也能只進行愛撫而不發生性交。

年輕一代人的愛撫不但更普遍，而且更自如，即使在公共場合也不例外。無論白天還是黃昏，在大門口、街頭巷尾、高中和大學的校園裡，不但一般性的肉體接觸隨處可見，即使更為特殊的擁抱和接吻也時有發生。在公共汽車上、公園長椅上、雞尾酒會上、各種聚會裡、小酒館裡、餐廳裡、百貨商店裡、旅館裡、大學宿舍的會客室裡、中學的走廊裡，言而總之，所有有年輕人聚集的地方，都會出現類似的舉動。當然，更深層次的愛撫也就更為私密。也有些人偶然在愛撫中裸體，但是如此行事卻不實際性交的人卻不多。當然，有時這種行為也僅僅是與裸體並陳。

愛撫到底會對身體產生何種作用？這不但受到教育者和父母們的關心，高中生和大學生自己也對此十分關注。當然，年輕人更為關心的是與性有關的問題，並不是自己的身體狀況。因此我們在此要指出，我們的調查資料已經清楚地顯示，愛撫所引發的性喚起很可能會使某些人感到惴惴不安，會令他們陷入一種長短不一的神經不安狀態中，除非愛撫活動一直持續到性高潮的發生。倘若確實達到性高潮，愛撫就會像任何其他形式的性活動一樣，不會造成任何其他後果。但是從另一方面來說，在我們的調查對象中大約有1/3，確實經過持續很久的愛撫，而後以無性交行為達到高潮為止，並能安然自若地平靜下來。但是，許多在愛撫中未達到性高潮的男性，而後便進行自我刺激，以達到性釋放。

愛撫的社會意義

在動物王國中，愛撫刺激以及對愛撫做出的反應是十分普遍和正常的現象，人類從一出生的嬰兒時代就開始同樣的反應。用不了多久他就會明白：這種反應會使他獲得他人的溫暖觸摩，還能帶來一些額外的滿足。例如，有人會給嬰兒東西吃或逗他開心，這就是嬰兒由接受愛撫而獲得的興奮，這種情況在成年人中便被叫做性激發或性喚起。

任何一個父母都會愛撫自己的嬰兒。愛撫嬰兒和教會嬰兒以愛來回報，這也是被道德所接受和認可的一個部分。但是，在英美文化中，當嬰兒長大以後，他們的肉體接觸，無論是他們與父母本人還是與其他人，都會被大部分父母所阻止。父母們對小女孩循循善誘，除了親戚以外，不能讓任何人觸摸自己，特別是男性。他們又會教誨小男孩，不應該有觸及女孩的意圖，至少「在你長大以前」不應該這樣做。父母盡量克制自己的感情，並這樣教導成長中的男孩：當你遇到困難時，不能寄希望於他人的體貼和同情。正如一些心理學家所指出的那樣，孩子原本是降生在一個充滿溫情和肉體之愛的世界中，但是當他長大之後，卻被教導成抗拒其本能正常反應的人，對任何他人的觸及都唯恐避之不及。在這樣的教誨中成長了15～20年之後，人們卻又反過來希望僅透過一個婚禮，就將深植於新郎新娘心中的對觸摸的否定式反應一下子矯正過來，希望他們從此之後在婚內能像兒時那樣自然而無拘無束地相處，這實在是一種奢望。因此我們也就

不會感到奇怪，為什麼有那麼多接受過良好教育和訓練的人，例如具有大學教育程度的男女，在婚後卻不能發展溫情關係。

從平均情況來看，女性在性方面的成長相較於男性會更慢，性反應也更少。女性一般更容易受到上述教誨中各種細節禁忌的影響。因此，相當多的妻子，特別是那些受教育程度較高者，在婚後表現出性冷淡甚至無任何性反應，也就不足為奇了。

近些年來，年輕一代對婚前性禁錮的某些意義和後果逐漸有了清醒的認識。儘管確實有許多少男少女是為了獲得直接、即時的性滿足而實施愛撫行為，但愛撫經歷與日後婚姻是否美滿之間的關係越來越受到人們的嚴肅對待。在最近的20年中，在社會科學領域中已經開設了大批新課程，例如：心理學、家政學、婚姻學、兒童教育學等等，也有大量指導婚姻的書出版，這一切都將有助於年輕人理解愛撫與婚姻之間的關係，為什麼年長者對年輕人的愛撫行為的批評不像過去那麼多了，這或許也是原因之一。

當然，大多數年輕人愛撫行為的模式，是由非理性和非邏輯的東西與科學證據和邏輯相混合的產物，一些年輕人會在愛撫活動中出現嚴重的心理衝突，因此他們就會努力地找尋出某些理念來安慰自己的道德心。他們特別注意避免生殖器交合，他們認為，在愛撫活動所能帶來的各種結果中，最為可怕的就是實際性交，至於由愛撫取代了實際性交，雖然可能會發展為更受禁忌的行為甚至是「變態」行為等等，與前者相比，這些反而不是什麼問題。經過這種形式的愛撫，即使他們真的達到性高潮，也會仍不失貞潔之身，他們仍像前幾代人一樣，把貞操的價值看得無比崇高。僅靠愛撫行為的增加，並不能使他們的價值觀發生改變。

有許多因素影響著婚姻的美滿程度，性生活是否協調就是其中之一，

而且通常不是最重要的。我們對6000名在婚男性和近3000名曾離婚的男性進行調查，結果發現其中最為重要的是他有沒有堅定不移的決心。即使是他無意使婚姻繼續維持下去，也要依靠這種決心才能夠迫使自己接受和適應婚姻破裂後的現實生活。

但是從另一方面來說，在上層社會的分居者或離婚者中，由於不協調的性生活而引發的，佔總數的3/4左右，而在低層人中較少一些。性生活中缺乏協調，婚姻就會遇到障礙。倘若用以協調性生活的方法沒有選擇正確，那也需要極大的精神感召和無比堅毅的決心，才能夠使婚姻得以繼續維繫。因此我們又不得不說「性」在婚姻中是十分重要的因素。

在上層社會中，最容易引發婚姻不合的性問題包括以下兩種：一是男性拙劣的性技巧；二是女性不能與丈夫一起縱情於性的歡樂之中。然而，對任何一種性關係的持續來說，這就是不可或缺的。這兩種性障礙都是由於性禁錮而引發的，它在婚前早已形成，婚後又不無法輕易擺脫。從此點上來看，佛洛伊德和一般精神分析醫生的觀點十分正確，而我們的調查也為此提供了大量的證據。其具體情況將在後面的章節中進行講解，此處只想對婚前愛撫的重要意義加以說明。

男性婚後的性障礙，包括性生活中不夠熟練、不夠放鬆、不夠溫柔，因而無法建立一種自然放鬆的關係與氛圍。某些婚姻指導書籍認為，不瞭解更多的性技巧是男性的主要障礙，這種說法顯然是錯誤的。倘若男性能夠拋開自己是性生活主宰者的觀念，他就會自發地運用多種細緻的性技巧。但是一個深受文化薰陶的青年在發生性交時，他的腦海必然充斥著社會的審美觀，例如：什麼樣的行為是乾淨或衛生的，什麼樣的技巧是最有效的，什麼樣的做法是枯燥乏味的等等。在他們的內心中，一種性行為是

對還是錯，是否是罕見甚至變態的，其評價標準早已形成並得到鞏固。即使是他性交時並不會過多地思考這些問題，但是在他的潛意識中它們也依然存在，並控制著他的性交過程。即使是與自己最親密的妻子，也沒有多少男性可以完全無拘無束地進行性交。除此之外，也沒有幾個男性能真正地認識到他們很久以來一直被上述所提及的東西緊緊地束縛著。在極端的情況下，這些束縛已經造成男性的性無能。然而，除了生殖器受傷以外，大多數性無能生在上流社會和受教育程度較高者之中發生的較多。這些被束縛已久的男性甚至對性交懷有深深的恐懼，甚至試圖去中止它，因此虔誠的宗教信徒和上層人士的婚內性交頻率，明顯要比下層人低。

對上層社會中的女性而言，所受到的束縛相較於男性要更多且更為極端。有一些女性甚至極力反對與新婚丈夫進行性交，即使是一次也不行。更多的妻子在婚後多年仍對性交毫無興趣。對丈夫提出運用的任何一種新的性技巧都會遭到她們的反對，將自己的丈夫斥責為色魔、淫棍甚至瘋子。有大量的離婚案例都是由於妻子不接受丈夫的某些性交技巧，即使是那些在人類實際行為中非常通用的性技巧。這樣的女性活了20多年，卻從來都不知道那些風度翩翩的君子或體面人物曾經觸摸過女性的乳房。她們也不知道事實上觸摸在性活動中遠比生殖器交合要多得多。她們難以放下那些關於性行為有對有錯的觀念。她們也不能在婚後接受放蕩不羈的性關係和性生活。與此相反，有過婚前愛撫經歷的女性多少都會懂得些刺激與反應的意義，因此婚後易於擺脫道德的束縛，也較少會出現麻煩。

某些從沒有經歷過婚前愛撫的人，婚後也可以形成比較協調的夫妻關係，但是在多數情況下，她們的協調能力及效果都不高。至於婚前愛撫是否正確的問題，那是道德或倫理學的課題，科學家是無法對此做出定論。

第十三章

婚前性交

　　無論是在原始文化和古代文化還是近代文化中，非婚性交一直都被視為一件關乎社會的大事。但幾乎在一切文化中，人們卻一直認為與婚前性交相比，婚外性交更需要加以重視。在古代西臺、亞述和巴比倫的法典中，婚外性交所涉及的都是財產權的問題，而無關乎倫理或道德。它所涉及的首先是丈夫對妻子的佔有權以及屬於他的其他特權。在大多數法典中，除了在訂婚以後，極少提到婚前性交。猶太教法典和英美法律中對婚前性行為的特別關注，在歷史上幾乎算是舉世無雙的。

　　有些人會說，目前我們對婚前性交的態度是人類生活經驗的產物，其目的在於防止私生子女的出生和保護婚姻制度等，但是這不足以對整個歷史做出說明。它在某種程度上，來自於猶太教法典中對女性婚前貞操極其嚴格的要求。不過，男性的貞操卻沒有得到猶太人如此的重視，歐洲大陸各國的法典都趨近於猶太人，而不像英美那樣重視男性貞操。今天，在我們的文化中，確實還存在相當多的宗教狂熱份子，他們依然固執地認為男性在婚前失

貞和女性失貞一樣惡劣，都是觸犯教規的罪惡行為。

對女性而言，在猶太教法典和現今許多歐洲的民族中，處女膜完好無損是婚前保持貞操的重要證據。在東歐的許多地方，新娘被要求在婚禮上當眾展示她保存完好的處女膜，並且要記錄在案。我們現在的文化中，一個人無論發生過哪種形式的性關係，例如愛撫甚至所有其他形式的手摩與口刺激，只要沒發生過破壞處女膜的性交，他們就仍然被視為處女或童男。

無論在科學上和習俗上還是法律上，「性交」這個術語都是指生殖器的交合，我們這裡也概莫能外。

婚前性交的發生率與實施頻率

　　一個生活在完全沒有禁錮的社會裡的男性，倘若沒有了社會的阻礙，都會在婚前發生性交，這是毋庸置疑的。唯一的例外只也是那些性無能或體弱無力，不能與其他男性競爭的少數人。

　　人類男性大多數都曾有過婚前性交行為，根本不必為此大驚小怪。從10歲到青春期開始的所有男孩中，有22%曾經試圖去性交。在所有的男孩中，首次射精發生於與異性性交過程中的佔12.5%，高中以下者中佔18.5%，上大學者中僅1.4%。

　　婚前性交的總發生率會因為所處階層的不同而存在很大差距。大學程度者中約佔67%，高中程度者中約佔84%，而高中以下教育程度者中竟然能夠佔到98%。在下層社會的一些群體中，15歲以下男孩中竟然找不到一個沒有過婚前性交行為的。

　　實施頻率的階層差異比發生率還要大。在整體性釋放中，婚前性交所佔的比例如下：大學為21%，而高中以下為68%。對於前者而言，婚前性交的意義並不在於能從中體驗的性高潮此書的多少，而在於這種舉動是他終於打破上流社會道德的有力證明。

　　對全體男性來說，平均實施頻率的頂峰出現在青春期初期，為每週約2.0次。而後隨著年齡的增長而出現下降的趨勢，20歲左右為每週1.4次，但是存在很大的個體差異，一些上層人僅有過一次婚前性交，而且是在婚

禮前夕；而許多下層人士會達到每週10次以上。從青春期至25歲，每個階層中都會存在這樣一些人，他們在5年或更久的時期內，達到平均每週25次之多。下層男孩則通常為每週2～4次，與大多數人婚後的平均頻率相接近。

　　高中以下教育程度者中在10歲或11歲開始青春期的人，在各階層中具有最高的發生率和實施頻率。16～20歲期間，他們的發生率為86％，頻率為每週3.6次，而對於那些青春期開始較晚的大學教育程度者中，同期發生率為33％，頻率僅為0.3次。

婚前性交的性質

　　需要特別指出的是，婚前性交的多樣化不僅表現在不同的頻率上，也表現為性交的對象有多少，對象都是什麼人，以及婚前性交發生在什麼時間和地點。

　　有一些下層男性，婚前就曾經與數百上千個女性發生過性交。也有為數不多的一些人，特別是高中或以下文化者中，更癡迷於追逐和征服女性，喜歡不斷變換性交對象，卻不喜歡與同一個女孩保持長期的性關係。有些男性甚至不會與同一個女孩發生第二次性交。有些男性，他們所喜歡的只不過是異性性交這個事件本身，根本不是那些女孩。因此，如果醫生，特別是公共衛生部門的官員們，不瞭解下層人能如此頻繁地變換性對象，控制性病就將成為一句空話。

　　然而，不幸的是，對於與這些男性發生婚前性交的那些女孩所處社會地位的相關資料，在本書中卻無法系統地進行收集。人們通常會認為，與男性發生婚前性交的女孩，其社會地位大多都會低於男性。但是，這個觀點並不能被我們的調查所證實。事實上，目前大學程度者的性交對象，多半都是與之來自於同一階層的女性。可能是上一代的男性大學生由於種種原因不得不經常去找普通人家的女孩子，但現在仍缺乏充分的資料證明這一點。除此之外，低階層男性當然也只有找同階層的女孩了，因為已沒有比他們階層更低的女性了。

大多數男性的婚前性交對象都與他們自己的年齡不相上下，或只小上幾歲。只有為數不多的男性會選擇年齡很小的女孩進行性交，除非他們自己也很小。儘管有一些十幾歲甚至剛青春期的男孩，會與二十幾歲、三十幾歲甚至年齡更大的在婚女性發生性交，但是這畢竟只是少數情況。某些男性與年齡較大的女性形成長期關係，她們有些單身、有些在婚、有些已經離婚，但是那些年輕的未婚男性幾乎都是與未婚女性進行性交。

實際發生的異性亂倫，要比醫生和社福人員想像中的要少。當然，雖然有很多男性曾幻想與他的姐妹、母親及其他女性親屬發生性交，但這不是一種普遍存在的想法，而且一般只在男性年輕時的一段有限的時期內才會發生。某些精神分析學家曾斷言，他們尚未發現不存在亂倫關係的病人。但是，我們的調查以及任何其他大規模調查中都沒有發現有類似的情況。門診醫生不應該將自己所面對的病人群體等同於為全部人口。在我們的調查中，每個階層都可能發生亂倫現象。但是由於其數量過少，我們無法對哪個階層具有最高的發生率做出判定。前青春期兒童的亂倫是最頻繁的，而在青春期或更大的人中間這種現象是少之又少的。

婚前性交所處的環境，也會因為階層的不同而存有很大的差別。一些男性大學生的婚前性交發生在學校的操場或建築物內，但更多的則是發生於假期，而發生地點經常是在女孩家裡，而且通常都是在女孩父母的臥室內。在各階層中，也有發生於汽車座椅上的、戶外某處的、旅遊營地、旅館、朋友住所、租用公寓、男性自己的住所，但是在女孩住所發生的居多。

上層人士在婚內性交中全裸的佔90％，但是在從事婚前性交時，即使在完全允許的情況下，也只有55％的人選擇這種方式。在下層人士中，前者佔43％，後者只佔32％。

婚前性交的意義

　　對於大部分男性來說，是否發生婚前性行為是比性的其他方面更為重要的一個問題。至少對一半的未婚男性來說，他們所有的性願望，他們所籌畫的全部性活動，就是有朝一日能夠與異性性交。雖然許多其他男性可能會從別的途徑去尋求實際的性釋放，但對他們來說，與異性性交仍然是一件相當重要的大事。在總人口中除了15％的那些上過大學的人，事實上大部分男性還是能夠接受並且十分渴望進行婚前性交的，並且相信這種現象在人類的正常發育過程中是不可避免的。即使是那些在公開場合堅持禁止婚前性交的人，包括那些有時候也想懲罰非婚性交的立法者和司法者，其中也有很多人曾認為婚前和婚外性交是可以接受且值得人們去渴望的。在總人口中有為數不少的人曾經公開捍衛婚前性交的價值，在低階層中更為顯著，有時上層社會和精英人物也會這麼做。一些研究社會事務的學生則認為，中產階級是社會傳統狂熱的衛道士。這種流行觀點的依據顯然是中產階級自己所表達出來的意見和觀點，而不是根據那些人的實際行為而得出來的。

　　與美國社會相比，歐洲大陸各國人民更為普遍地接受婚前性交行為。那些來自於歐洲的醫生們，大多數都認為婚前性交具有很高的社會價值，他們的這種看法在美國科學界日益流行。有些醫生已經建議他們的病人們從事婚前性交，而且也存在不少人，他們如果不這樣做就會對性的社會交

往感到無所適從。

　　當然，任何性活動都不可能像婚前性交那樣經常受到譴責。這些譴責通常完全是站在道德的立場上，從1912年至1946年，單單是我們見到的，就已經有37位作者在36本不同的書中做出類似的譴責了。還有一些書常以科學的面目來譴責婚前性交，說它會造成意外懷孕、導致私生子女、傳染性病、使當事人煩躁不安、帶來許多社會問題和法律問題、使當事人在婚後不能與配偶相互協調等等。

　　從1907年至1946年，至少在23位作者的30本著作中出現過這樣的觀點。當然，不可否認他們所談到的心理狀況和社會關係的調節等問題是科學探索的課題。但是很可惜，其中許多科學家在高談闊論之時，卻陷入了道德譴責的洪流之中，完全像是一個對科學一無所知的人。一直以來，許多針對一夫多妻、男女亂交的聲討，以及對貞操的宣導都出自於這些生物學家、心理學家、生理學家、精神病學家的筆下。他們雖然受過科學的訓練，並且因此獲得聲譽，但是他們卻未能從中學到多少東西。

　　在對婚前性交與婚後協調的相互關係進行研究時，我們根本不能採用那種簡單線性相關的雙向作用來說明兩者之間的因果關係。它充其量只能說明這兩者有所關聯，卻不必然是因果關係。因此有過婚前性交的人，婚後協調並不一定會好，或一定會壞，反之亦然。婚前性交的情況極為複雜，這取決於當事者是怎樣的人，他的整個行為模式是否接受婚前性交，以及接受或不接受的程度怎樣，他心理衝突的內容與程度怎樣。對於一個接受自己所屬社會階層的性觀念和性哲學的人來說，尤其如此。如果一個人認為婚前性交是敗壞道德的行為，倘若他真的做了以後會引起強烈的內心衝突，不僅有損他的婚後協調，更會傷害他的整個人格。當然，同理

而證，對一個能夠真正接受婚前性交行為，並不會為此而產生內心衝突的人，其結果就截然不同了。

此外，婚前性交的效果也要根據性交對象的狀況，以及性交對象的數量而定。女方處於同一社會階層還是較低階層，女方是出於社交關係還是買賣關係，女方與男方是否已經訂婚或有結婚意向等，以上這些都會產生不同的作用。婚前性交對婚後協調的作用，通常也取決於婚後夫妻雙方是否能夠相互接受，以及在多大程度上能夠寬容對方在婚前所發生的性交行為。即使是那些認為自己能夠接受這個事實的配偶，婚後雙方的緊張狀態也很可能會引發彼此間的互相指責。

婚前性交的作用另外還取決於它所發生的情景如何。倘若是因為糟糕的條件而引起肉體的不適或互相不能獲得滿足，或是由於當時的情景使當事者提心吊膽地唯恐被人發現或懷疑已被發現，兩者所產生的結果會一樣糟糕。如果環境舒適宜人，不會令人心存恐懼，那麼結果就會完全不同。

性病也會使婚前性交的意義發生改變。大學程度者幾乎每個人都會使用保險套，而且大多數都只與同階層女性發生婚前性交。這些人中的性病發生率是極低的。但是在較低階層中，有相當多的人在婚前性交中染上性病，其比例甚至高於社會衛生組織所公布的一般比例，因為他們不常使用保險套。

婚前性交的意義往往也與雙方避孕的成敗密切相關，其中對懷孕的恐懼發揮了更大的作用。大學程度者中，由於人們普遍都採用避孕措施，因此很少有未婚先孕者，但這在其他階層中發生率卻是相當高的。這是因為，倘若在婚前性交這個特殊性活動中不採取避孕措施，幾乎會不可避免地會造成懷孕。

很多人都說，所有發生過婚前性交的人都會為此而感到內疚和自責，這種情緒將成為他們終生揮之不去的陰影。但是透過我們對數千名男性調查以後發現，這樣的人是非常少的。反之，絕大多數人往往不會感到懊悔，他們的婚後協調也沒有因此而出現障礙。在這裡，需要特別注意的是，大多數懊悔者反而是那些極少發生婚前性交的人，他們的婚前性交大多只有1～2次。當然，女性對此的反應顯然是與男性不同的。

　　對那些密切關注性行為所具有的道德價值的個人來說，上述科學論述自然是毫無意義的。因為遵從道德觀念對他們來說是自己生活中的一項重要內容，其所具有的社會價值就像性生活的協調一樣重要，就像婚姻的幸福與否一樣重要。科學研究不應該對這類人的存在視若無睹。

第十四章

婚內性交

　　同樣是性活動，婚內性交與其他情況不同，它是被英美道德和法律條文所認可並接受的。在婚者的男性和其妻子同居一處，他們大部分性釋放都會選擇這種途徑。對他們來說，性生活的協調就意味著充分的頻率和足夠的激情效果。因此，我們將它作為著重研究的對象。

　　通常社會學家和人類學家都認為家庭是社會存在的基礎，並且很多的研究者都堅信，人類家庭進化的基礎一直都是男性與女性之間的性吸引。但不管家庭是怎樣誕生的，性生活顯然是它能夠一直延續至今的基本要素之一。在前面我們已經提及，現在要再次強調：導致婚姻成敗的因素非常之多，性生活狀況只不過是其中之一。然而，倘若性生活得不到協調，那麼婚姻的維繫勢必就會遇到障礙。

　　社會對婚內性交所看重的只在於它能使家庭得以延續，只在於男女一起同居比分居更能有效地達到這個目的，只在於這能給子女提供一個適於成長的可居之所。在猶太教和許多基督教哲學中都曾經提到，這才是婚姻的首要

目的。社會所看重的也在於婚姻能為成年男女提供一個規矩地性交的機會，並以此來控制男女亂交，進而使家庭得到延續。但是，比起那些原始文化，我們的文化顯然對此沒有多大興趣。不過，無論還有多少種其他目的，想要延續家庭的群體，就必然會關心婚內性交。

　　本章的目的不是討論婚內性交對延續婚姻與家庭的作用，而是對婚內性交本身的狀況進行分析。除此之外，還要討論在人類男性的多種性活動中，婚內性交所佔的地位。

婚內性交的發生率及其意義

　　幾乎全部在婚男性都經歷過婚內性交，沒有過的少之又少。這類人群主要是婚後從未與配偶同居一處的人，生理上存在缺陷的人，當事人或者其妻子是原發型同性戀的人，仍受到宗教、道德、哲學等東西禁錮以致不能從事性交活動或者甘願禁絕性交活動的人。在40歲以下的在婚男性中，這類「絕欲者」不超過1％，在45～50歲中佔2％，55～60歲中佔6％。婚內性交的發生率高於任何其他性活動。

　　婚內性交雖然有較高的發生率，但是它在性釋放整體中卻沒有佔據很高的比例，約為85％，而且這個資料還是在婚後其他途徑所佔的比重都有所降低以後。

　　在性釋放整體中，婚內性交的比重會因階層的不同而發生變化。下層人婚後初期佔80％，但隨後便逐漸增長，到50歲時已達90％。具有大學教育程度的人卻正好相反，他們在婚後初期達到85％，隨後便與日俱降，到55歲時已經在62％之下，而且在他們一生中，無論是什麼時候都不會達到下層人在大部分時期中所達到的比重。

　　我們常聽說這樣一種說法，男人年紀越大，就越是渴望婚外性交，但透過我們的調查證實，這只適用於上層社會中的男性。為什麼上層人群與下層人群竟會出現如此之大的差異呢？目前為止，我們還不太清楚。

　　或許因為隨年齡的增長，上層男性逐漸意識到，從前在性生活方面

強加給他們的各種障礙和束縛是不公平的，或許是因為這些男性想在自己的性能力未被年齡削弱之前，「人生得意須盡歡」一下，趁著自己還有能力，何不嘗試一下婚外性交。但有時也可能會因為，他們從自己隸屬的上層社會以及仍然受到同樣束縛的妻子那裡不能獲得滿足，以至於婚內性交的頻率急劇下降。還有人認為這是因為受教育程度較高的男性總是一心專注於自己的專業或人生事業，但是很明顯這無法對他為什麼反而有時間和精力去從事婚內性交以外的其他性活動做出解釋，令人吃驚的是，這個活動在性釋放整體所佔的比重高達38％，其中19％是自慰和夢遺這樣的獨自活動。

需要引起注意的是，婚內性交不僅不能使那些在婚男性的全部性張力得到釋放，而且就連全體男性的性釋放整體的1/2都無法達到。在全美國的所有白人男性中，一生中曾經結過婚的只有60％。從青春期至老年，全體男性的整體性釋放頻率為每週2.31次，而在婚者的婚內性交頻率為每週1.06次。這就意味著，對於全體男性來說，在性釋放的整體中，只有45.9％的人是透過婚內性交而實現的。倘若將美國社會和法律考慮其中，那麼實際上除了婚內性交之外，只有夢遺這個性活動是被允許的，而它的比重在性釋放整體中卻只有5％～6％，如此看來，在全體美國男性的全部性活動中，甚至有一半之多是不被社會所接受的，在很大程度上都是非法的和應該受刑法懲罰的。

婚內性交的實施頻率

除了年齡的不同、青春期開始早晚的不同、社會階層的不同、前後兩代人、城鄉區別等差異之外，虔誠的宗教信徒的婚內性交頻率，也比消極教徒低20％～30％。非常有趣的是，婚前性交、婚外性交以及任何形式非婚性活動在教會那裡都是不恥之事，都會受到嚴厲禁止，據說其目的是為了使一個人的所有激情、所有實際性生活都集中到婚內生活中，都圍繞著僅有的一個終身伴侶而更好地發展下去。但是，與婚內伴侶的性交會因為這些禁令而受到傷害，其頻率不斷下降。從心理學角度看，這完全是在意料之中的事情。

除了以上因素之外，妻子所受到的束縛也是婚內性交頻率降低的原因之一，這在社會各階層中都是如此，特別對上層社會影響更深。大部分丈夫都希望能夠更頻繁地進行性交，並且認為倘若妻子對此也很感興趣，那麼就能夠共同實現它。但是事實上，大多數的妻子都會認為自己的性交頻率已經足夠高了，並且由衷地希望自己的丈夫不要如此頻繁地進行性交。很少有妻子希望得到更頻繁的性交，而更少有丈夫希望自己的妻子進行不頻繁的性交。

以此看來，男女兩性之間在興趣上存在的差異，自然而然會對婚姻協調增加了難度。倘若醫生們想要更好地幫助那些不協調的夫妻，最根本的就是對男女不同性反應的生物根源有更多的認識和瞭解。

婚內性交技巧

　　在性交技巧方面出現的個體差異，相較於頻率的個體差異來說還要大。這些差異主要表現在以下幾個方面：性交前愛撫的範圍和技巧的不同，採用的性交體位的不同，進行性交的時間長短的不同，性交中裸體的還是著衣的，喜歡有光亮的還是黑暗的等偏好的不同，以及所選擇的性交地點與環境的不同。除此之外，甚至還有一些夫妻在一起進行過群交。

　　依照我們英美文化的信條，一個人在婚後越是只與妻子一個人性交，性交活動就越會完全地限於生殖器的交合。甚至認為在性交過程中越少有動作變化，這種性關係就越符合道德理念。在我們現存的諸多性法律中，大多數的性道德都是以這個信條為基礎而建立起來的。通常下層人在性交中避免做出任何變化，在婚內性交中更是如此，其依據也是這種信條。

　　另一方面，在受教育程度較高的人群中，特別是現在的青年人中，絕大多數人都認為只要是有利於夫妻之間感情的增強，任何一種性行為都是正當的，都不能被視為變態的，即使在非配偶之間發生的相同的行為亦是如此。這種論點甚至得到某些教會高級職務者的捍衛和擁護，並反對傳統說法——倘若性技巧並不是為取悅自己，而是為增加受孕的機會，就是符合道德的，才被允許變換更新。

　　近20年來，類似於婚姻指導類的書籍已經在一定程度上、非正式地強調了變換性技巧是有益處的。這很可能在無形中鼓勵了越來越多的人去加

以試驗。但是，仍然需要注意的是，我們的法庭目前執行的仍然是英美習慣法。美國幾個州的特別法令，仍將婚內所謂的「違反天性」的性行為等同於婚外的此類性行為，要求進行嚴厲懲罰。

除此之外，美國人口中至少有一半的人對延長性交的時間根本就不感興趣。雖然這種情況在上層社會中並不多見，但是在那些受教育程度較低的人中，大多數卻真的是這樣做的。那種認為任何人都想提高自己的性技巧的說法，是大錯特錯的。大部分美國人都認為性交活動都是以在性高潮中獲得滿足為終極目標的。因此，越快地獲得滿足，性交就越被認定為越好、越正確。之所以會在受教育較少者中存在這種態度，或許是因為他們普遍缺乏想像力和激情，但是更有可能是出自他們的性哲學：任何有違生殖器直接交合的性活動都是變態的行為。

性交前愛撫的時間

很多低層人在性交前的愛撫活動，往往只是敷衍了事的身體接觸，或者只用唇吻上一兩下，有些人甚至連情感表露都沒有。倘若上層社會的人出現這種情況，通常就會被認定為情感缺乏症或者是冷血動物，但是多數美國人恐怕就是如此老老實實地限制著自己的性交前愛撫的。一般而言，大學教育程度的人喜歡把性交前愛撫的時間持續在5～15分鐘。有些人，特別是現在的年輕人，經常會持續到0.5～1小時，或者更久，個別的則能長達數小時。在這種事例中，愛撫已經成為獲得滿足的主要來源，並且會從中達到性高潮的極點，插入交合的過程反而沒有那麼重要。

口刺激

倘若人們能知道，性刺激和性反應會涉及大量表皮神經，而不局限於

生殖器，他們就會明白：無論是身體的哪個部分，只要具有豐富的觸覺感受力，都可能成為引發性喚起和性反應的中心。這樣的「動情區」主要包括嘴唇、口腔內壁、舌頭表面、雙乳、男女生殖器的某些部分，有時還包括肛門等。

但是，人體表面的任何一個地方都能夠成為性刺激與性反應的泉源，因為皮膚的觸覺感受力遍布全身。不同人的同一部位，性反應能力也會有所差異。這在某種程度上取決於此人由既往的經驗所塑造的心理條件，但更大程度上是因為神經分布的不同。有些心理學家說，人體表面的某些部分，由於心理感受力不足而不能成為動情區。但是根據我們的調查結果，對很多人來說，其體表的每個區域都具有足夠豐富和敏銳的感受能力，都能夠引發性喚起甚至性高潮。

雖然生殖器也包括那些經常發生性刺激和性反應的區域，但是倘若認為生殖器是唯一的「性器官」，那便大錯特錯了。如果將在其他區域發生的性刺激和性反應，都看作生物學上的反常、非自然狀況、違反天性或者變態，那就是荒謬之極了。

對口、乳房、肛門或其他區域進行刺激與刺激生殖器一樣，所涉及的都是相同的神經系統。由刺激前幾個部位而引發的性喚起和性高潮，與刺激生殖器所引發的性高潮也是相同的，都屬於同一種生理功能。人們之所以普遍對這些道理不甚瞭解，完全是我們的文化對一切非生殖器的性活動全部實施禁忌的結果。

哺乳動物都知道運用口和肛門進行刺激，與刺激生殖器相同。唯有人類這種高級動物是最受束縛的，而且不要說實際去做，就連建議他去實施，也會使他終日惶恐不安。我們的社會和法律歷來都嚴禁這些行為的發

生，而對心理學家和生物學家來說，這正好證明它們是一種最基本的生物本能和內驅力，只不過一直處於被壓抑的狀態。那些運用非生殖器刺激的「離經叛道者」，就好比那些在性交中選擇裸體的「離經叛道者」一樣，正在向人類作為動物的最基本的行為模式復歸。

其實，在實際的性生活中有相當多的男性在運用口刺激，女性也只是稍微少了一些而已，但是運用那種盡可能深入的口及舌的刺激卻不多見。由此我們可以看出，文化禁錮已經在很大程度上改造人類的性行為。

在上層社會中，異性接唇吻的發生率高達99.6％，這已經成為夫妻日間進行情感交流所常用的一種方式，在實際性生活中當然比這還要多很多。它既是一種性交之前的愛撫行為，又是在實際性交的伴隨活動。在下層社會中，對任何口接觸的禁忌非常嚴格，甚至連單純的接唇吻也被減少到最低限度，雖然其發生率仍高達96％，但是每個人運用的次數是很少的。

在上層社會中，刺激內唇、舌頭和口腔內壁的深吻是性交前愛撫的常見的一種方法，其發生率高達87％，但是同樣的行為在低層人中卻僅為55％。受束縛較少的夫妻常將其作為性交的伴隨活動，特別是在性高潮即將來臨之際。它能發揮與生殖器實際交合一樣大的作用，甚至在推動雙方達到性高潮極點方面，作用更大。

刺激乳房

在上層社會中，運用手來對女性乳房進行刺激的發生率為99％，在低層社會中為85％。以口刺激乳房在上層社會中發生率為93％，在高中教育程度的人中為63％，在高中以下的人中僅為36％。

在上層男性中，以手來刺激乳房主要是引發自己的性喚起。我們的調查中結果顯示，生活在這種文化之中的男性，注視女性乳房相較於注視女性陰戶，會引發更多的心理性欲喚起。在瞭解這個事實以後，我們再一起看看新聞出版審查官和司法官員的所作所為，可真是有趣極了。他們嚴禁展示陰戶，但公開裸露的女性乳房卻經常是被允許的。美國男性對女性乳房具有極大的興趣，這在很大程度上與文化有關，也在某種程度上是由其生物基礎造成的，這值得我們深入研究。但是，以世界上許多原始民族的女性都經常展示女乳來看，這個問題可能就清楚多了。

由於乳房受到刺激而使自身產生某些特殊性喚起的女性不少，但是還有更多的女性產生的並不是特殊的性喚起。只有百分之幾的女性曾經僅僅由於刺激乳房就達到性高潮，其餘的都必須輔之以生殖器的接觸。

女性極少會去刺激男性的乳頭，這是一個很重要的事實。這可能是由於女性乳頭凸出，而男乳頭不凸出的緣故，人們非常瞭解女性乳房的性喚起功能了，但是對男性乳頭的這個功能卻不甚瞭解。也許是因為一般來說女性的性反應都沒有男性強，再加上社會習俗的約束，結果無論在哪種性刺激行為中，女性都更缺乏積極主動性。每個階層中的大部分只有過異性性交經歷的男性，都沒有出現自己乳頭勃起的現象，因此乳頭特別敏感的男性在人口中所佔的比例，我們不得而知。但是在對於那些有過同性性行為的男性來說，乳頭勃起卻是一種十分常見的現象，而且他們都知道男性的乳頭的敏感性也是相當高的。從這些人的情況中可以得知，男女兩性中可能有同樣多的人都對刺激乳頭極為敏感。

手刺激生殖器

這種性活動在任何階層男性中都曾經發生過，而大學教育程度的人中則更多。市面上所流行的婚姻指導類書籍提供大量這個方面的資訊，上層人便從中瞭解到女性陰蒂的存在，並且學會刺激陰道和陰蒂的技巧。在他們之中，性交的同時也運用這些技巧的人已經佔95％。他們也已經普遍認為，女性在生殖器實際交合之前，就應該由於受到手刺激而達到非常高的性喚起程度。然而，這個過程中的生理機能和心理機能究竟如何，還有待進一步的研究，但是年輕一代的上層人確實身體力行著尚不完備的理論，這個事實卻是無法改變的。

男性對女性性機能產生的最大誤解就是：他們總是認為唯有對女性陰道內壁進行刺激，才能夠帶給她最大程度的滿足。這顯然是以以下觀點為基礎，即通常只有陰莖的直接插入，女性才會達到性高潮。其實在性交中，女性所受到的大部分肉體刺激，都是來自於陰戶表面、陰道開口處和陰蒂，來自於與男性陰毛的摩擦。

有些醫生認為女性存在兩種不同的性高潮，即陰道高潮與陰蒂高潮，這有待深入研究。但是我們的調查結果顯示，幾乎沒有女性在自我刺激時會採用異物插入的方式，即使有，也是那些修女或進行性表演的妓女，或在男醫生的建議才下這樣做的女性。大部分女性的自我刺激是針對陰唇的，更多的是針對陰蒂的。女性同性性行為中的主要性活動也是對陰戶表面和陰蒂進行刺激。因此，無論學者們做出什麼樣的解釋，男性對女性陰唇和陰蒂的進行刺激要比直接刺激陰道內壁所產生的效果更強一些，這就是在調查中所發現的事實。

口刺激生殖器

　　無論男性與女性之間是誰對誰進行此類性活動，上層人的總發生率大約為60％，高中教育程度的人大約為20％，高中以下的人為10％。由於口與生殖器的接觸活動受到我們文化長期嚴厲的禁止，否則其實際發生率很可能會更高，只是人們怯於或羞於吐露而已。這種舉動在上層人中幾乎清一色的是男對女，只有大約47％是女對男實施的。其實施頻率也從僅有一次到每次性生活都有不等。

　　絕大多數男性和女性的同性性行為都會有此種舉動。但是，異性之間存在的這種行為並不會含有絲毫「同性戀」的意味。英美習慣和美國大部分成文法規，都對口與生殖器的直接接觸加以嚴厲禁止，無論其在同性間還是異性間發生，也無論其在婚內還是婚外發生。有時，小孩子看到夫妻之間的這種活動便傳給街坊鄰居，其結果就是夫妻會雙雙受到起訴和制裁。由於存在這種禁忌，這種性活動在夫妻們中間的普遍程度之高，即使是心理學家們也不明瞭。在某些歐洲文化中，人們甚至可以無拘無束地談論它。當然，世界史中也不乏對它的記載。至少在古希臘、古羅馬、印度、中國、日本、秘魯、印尼的峇里島等處，都會看到對它進行描繪的圖畫、雕塑和其他藝術品及實物世代流傳。

　　由於存在普遍的禁忌，往往會在丈夫提出或者實施這種行為時，妻子態度漠然、反對抗拒、厭惡反感，甚至是噁心嘔吐。如果沒有受到長期的文化影響，她們對此也絕對不會有這樣的反應。由於自己較高的性反應能力男性則更願意做這樣的事，結果卻經常冒犯妻子。這樣的局面常會使雙方的關係陷入危機，而妻子的反抗和丈夫對此的理解，可能會導致上層男性為了尋求口刺激而跑到妓女那裡去。

有很多夫妻不合就是由此導致的，其中有相當一部分甚至惡化到離婚的程度。當然，在法庭上男女雙方誰都不會披露事情的真實情況。有一些「妻子殺夫案」的例子，就是由於丈夫堅持要求妻子為自己做口交而引發的。但可惜的是，婚姻諮詢顧問、心理醫生和精神病醫生們對這種行為的生物基礎，還沒有充分的認識，他們之中知道這種行為在人群中的實際發生率和實施頻率到底有多大的人也不多見，結果本可以提供的幫助他們無法給人們提供。當法院審理此類案件時，他們同樣無法提供科學的證據和解釋。那些告訴病人口與生殖器的接觸是罕見、不正常的，甚至變態的醫生們並不是在宣傳科學，而是在進行道德說教。

但從另一方面講，能夠自覺地建議病人採用這種方式的醫生們不容忽視：我們社會的長期習俗所產生的非理性價值觀，已經在許多人的頭腦中根深蒂固，並已經成為他們選擇自己的個人行為時所考慮的首要因素。

由人類性活動所引起的社會問題，首先就是性病、私生子女、強姦和成人對幼兒實施的性侵犯。但是手淫、口刺激、同性性行為確是個人內心衝突的主要來源。之所以說這三種性活動非常重要，是因為它們普遍存在，幾乎任何一個男性都會在某時某刻，或多或少地發生過。在醫生那裡它們也是常見的「病情」，因為它們具有生物基礎，是生物的本能反應，無論哪種法律禁令和社會禁忌都不能把它們從人類生活中剔除出去。

性交體位

在我們的英美文化中，差不多所有的夫妻都採用男上位，其中70％的人從來沒有想過要變換體位。最多、最頻繁地變換體位的是受教育程度較高的人，而高中以下者中選擇變換體位的人僅為前者的一半。實際上，無

論從哪種生物學觀點來看，任何體位都比男上位更為自然。男上位的標準化和排他性在我們的社會中亦是文化的產物，它對低層人發揮的控制作用遠比對上層人大。

僅次於男上位的體位是女上位。採用過這種姿勢的人們會發現，它是所有體位中，最能經常引發女性的性高潮的一種。體位變換的知識一般來自婚姻指導類書籍的介紹，但是也和其他技巧一樣，只有男性才經常對此感興趣。

刺激肛門

這個體位中的機制與任何其他性刺激方式和技巧的機制完全相同，不需要特殊的理論來對其進行解釋。由於個體神經分布存在差異，個體心理條件也不相同，此中有很多技巧。

男性達到性高潮的速度

女性在性交中經常無法達到性高潮，這種情況在某些男性的婚前或婚外性交中也經常發生，但是在男性的婚內性交中卻幾乎不會發生。

在男女生殖器交合後，低層男性總想盡可能快地達到高潮，而上層男性卻經常想推遲高潮的來臨。大約有3/4的男性在交合後的兩分鐘之內就會達到高潮，其中相當多的人則是在一分鐘以內，甚至10秒、20秒之內。倘若受到很強的肉體愛撫或刺激，那麼男性還可能會在交合之前便達到射精。

大多數射精較快的男性都對性反應遲鈍、性交動作拘謹的妻子非常不滿。這種在速度上的差距也經常會使夫妻之間發生衝突，特別是在上層社會中，女性受到更為嚴屬的束縛，這種衝突更多、更頻繁。有些人認為，

男性射精過快是由於神經過敏或者其他什麼「病」而造成的，實際上在大多數情況下，這種說法並不科學。有些醫生總會說：「只要無法堅持到女性達到性高潮就已經發生射精的男性，就是『早洩』」，其實並不是這樣的。許多上層女性的反應速度非常之慢，因此丈夫必須最精心地對她們進行10～15分鐘的刺激，才能使她們出現高潮。還有相當多的女性在一生中從來沒有出現過性高潮。因此，如果男性真的要與這樣的女性「協調」，如此之久地推遲自己的射精時間，反而是他的這種能力恐怕不正常。

對哺乳動物基本行為的研究，將有助於理解人類本身的性行為。現在的科學研究發現，很多雄性哺乳動物的射精速度都很快，例如黑猩猩在交合後大約10～20秒之內就會發生射精。人類男性的所謂正常性行為，其實與哺乳動物並沒有分別，當然也包括快速射精在內。人們經常斥責那些射精較快的男性為「早洩」，甚將其至定義為不怎麼合格的男人，但他們其實也搞不清楚男性到底應該持續多久才射精，也搞不清楚在人群中「早洩」的人究竟有多少。因此，「早洩」所造成的不便與不幸，只能是站在妻子的立場上所說的。

上層男性可能大多都是依靠收縮肛門括約肌來實現推遲射精的，但是在全體男性中，很少有人運用這種方法。

女性達到性高潮的速度也是因人而異的，其差距遠大於男性。

裸體

90％的上層男性在性交中都是裸體的，倘若性交時環境允許，其他人也會如此。然而，在這個方面女性卻受到比男性更為嚴厲的束縛，但上層女性一般對此都是可以接受的。在下層社會存在這個對裸體更普遍的禁

忌，因此只有43％的男性會在性交中裸體。在人類一切性行為中，只有這個方面沒有引起正常與反常的爭論。顯而易見，動物性交時肯定是不會穿衣服的，穿衣顯然是文化的產物。不過，上層人向生物學意義上的正常行為的回歸，確實是只有在追隨理性並打破道德束縛後，才能夠實現的。

對光亮或黑暗的偏愛

有些人偏愛在光照充足的條件下性交，而有些人喜歡若明若暗的環境，還有些人喜歡完全黑暗的環境。一般來說，大多數男性都偏愛光亮的環境，而女性則更喜歡黑暗的環境，這也許可以用男性與女性的「羞怯」程度的不同來做出解釋。然而，更進一步說，男性與女性對於眼睛所看到客體所具有的性意義會有不同的評價與感受。

大多數男性，特別是上層男性，看到與性相關的事物時，會很輕易地引發性喚起，而大多數女性則不會。在光照充足的環境下進行性交會對大多數男性增加性刺激，但是這對大多數女性來說並非如此。結果，與羞怯相聯繫的道德因素就會成為女性行為的一種束縛，但極少會對男性產生束縛。這些差異還有可能由兩性不同的神經分布狀況所導致。當然，雙方不同的心理條件也不容忽視。

在婚內性交的問題上，引發我們注意的並不是性技巧的多樣化，而是這樣一個事實：對老年夫妻來說，大多數性技巧都被單一化定型或者被限制了，而我們社會的道德卻又是由這些老夫老妻們所確立的。

第十五章

婚外性交

　　在人類絕大多數文化史上，對人們婚外性交的管束總是比婚前性交更多，也更為嚴格。這最初完全是源於保護財產佔有權，而不是出於什麼道德良心。我們的英美法律也是如此，將男人對女人的佔有權作為財產權的一部分。因此，直至今日，仍然存在不少美國人能夠接受婚前性交，卻對婚外性交堅決反對。在每個社會階層中，婚外性交都會成為人們談論的焦點話題，惡意中傷的目標，經常受到社會的摒棄、起訴和制裁。夫妻中被冒犯的一方，手中便有了法律武器做依靠，對另一方進行毆打甚至殺害，這種事件在美國的許多地方直到現在還是繼續發生，而且施暴方還能得到公眾的同情。當然，在社會中婚外性交一直在相當頻繁地發生，而且一般不會受懲罰，但是一旦合適的特殊對象被發現，這種行為仍然會受到社會的懲治。

　　不能不說這種社會態度非常奇怪，相當多的人自己也曾有過或正在從事著婚外性交，但是一旦接觸到此類案例，他們的反應反而顯現得比誰都要狂暴，簡直非要置他人於死地不可。這種情況也讓我們清楚地看到，他們在評

價婚外性交的社會意義方面，同樣存在嚴重的內心衝突。如果我們的社會想更明智地處理此類事件，就一定需要更多的事實資料。但願我們的調查資料能為此提供一些幫助。

婚外性交的發生率與實施頻率

在調查中我們發現，大多數男人都迫切地想瞭解究竟有多少個男人發生過婚外性交？顯然，之所以他們會抱著這種心態，是因為他們之中的大多數人或者已經有過這個方面的經歷，或者想要這樣去做。於是，他們便想透過瞭解它的發生率來使自己內心的衝突得到緩解，或者只是尋求一種自我安慰：我也不會遭到法律的或社會的懲罰。

與此同時，男人所表現出來的這種關心也顯示他們唯恐他人知道自己的婚外性交。也正是這個原因，使我們對這個方面的調查難以取得很大進展。年紀較大和受教育程度較高的人往往會拒絕回答這個方面的問題。很多人直到幾個月，甚至是幾年後才會回答，其實他們生活經歷中的其他事情都不會像婚前性交的一樣，讓他們如此地顧慮重重了。即使是那些很快便吐露自己真實經歷的人，在回答此類問題的時候也經常會遮遮掩掩，而且比回答任何其他問題時都更加諱莫如深。這其中唯一的解釋就是懼怕社會的制裁。因此，我們現在所獲的資料僅僅是最低程度的，真實資料可能還要高10％～20％。因此我們也許有理由相信，幾乎1/2的在婚男性都在一生中的某個時候有過婚外性交的經歷。

最需要注意的現象是：低層人16～20歲時的發生率為45％，是最高峰；到40歲時則降為27％，50歲時為19％。但大學程度者在16～20歲時發生率卻為最低，僅15％～20％，而是日後才慢慢逐漸增加，到50歲時反而

達到27%。

實施頻率的情況也與此相同，低層人從16～20歲時，每週1.2次。55歲時，降為每週0.6次。但是上層人卻從16～30歲時，每3週1次，50歲時增長為的每週1次。

我們在前面章節中解釋了為什麼上層人年輕時婚外性交少，而年長後卻會逐漸多起來，以及為什麼下層年輕人婚外性交比較多，但是我們對於較老的下層人的發生率為什麼會如此之低卻無法做出合理解釋。雖然這些人年齡越大健康越差，但這並非是導致這種結果的全部原因。

對各階層的大多數男性來說，婚外性交總是見不得光的，不得不偷偷摸摸地進行，與這個女人發生一兩次，再與其他的女人發生幾次，幾個月到一兩年的時間內就不會再有，然後又在某一週或某一個月內連續來上許多次甚至每夜都有，再往後又很可能會突然地中斷，這主要在旅行或假期中發生。下層男性偏愛規律性地進行婚外性交，並且經常變換對象；上層男性則會間隔地進行性交，但性交對象也不過會局限在1～2個，雙方關係也保持得較久，甚至有的可以維繫達十幾年。

一般來說，婚外性交的對象都是女友，妓女所佔的比例只有8％～15％。下層人有時候選擇去找半職業的賣淫者，但多是本階層的在婚婦女。上層男性可以找各種女性，同樣也是本階層女性居多。

都市人的發生率要高於鄉下人。高中以下教育程度者中的都市人比鄉村人也要高出20％～60％，而大學教育程度者中前者約是後者的2～3倍。

婚外性交與其他性釋放的關係

如果一名男性開始掙脫了法律，那麼從事婚外性交，幾乎必然會形成多重性關係。婚前也許還有例外存在，但婚後與同性性行為就完全如此了。

極少有對更換婚外性交對象這種事感興趣的女性，不但婚前婚後皆是如此，在同性性行為中更是這樣。很容易將此歸因於女性更道德，男性更不道德，這很簡單，但卻遠遠不夠。這種差異的形成更多地是由於男女不同的性反應能力所致，特別是社會對男女束縛的嚴屬程度不同。對相當多的男性有效的刺激，卻對女性引發性喚起沒有絲毫作用，相反，男性很少會在心理溝通和任何感覺刺激中獲得性興奮，除非只是當作一種策略。

正因為如此，令絕大多數女性無法理解的是，為什麼會有如此之多的男人放著好好的婚內正常關係不要，非得去尋求婚外性關係不可呢？另一方面大多數男性卻都會做出這樣的反駁：不管在什麼情況下，不斷地變換和新鮮感都具有致命的吸引力。讀書是如此，聽音樂，娛樂，吃東西也是這樣，更何況是性關係和性伴侶了，理所當然更應如此。

在我們的調查中，在那些對自己存在婚外性交經歷直言不諱的人中，很多人都開誠布公地表達了這種哲學。不過還有些人會馬上再補充道：無論他們是有多麼渴望，但是受到道德的和社會的約束，他們沒有，也不會發生婚外性交。

當然，對此也有較少的女性會和男性有著一樣的想法。她們對變換性伴侶也十分感興趣，不過我們尚未統計出其具體的數字。

大多數男性的婚外性交，都出自於他們自己的變換意向，但是也有相當一部分男性與之不同，他們主要是因為對婚內性交不滿足。當妻子對性生活沒有男性那樣感興趣，拒絕頻繁的性交時，不能接受丈夫的多樣化性交前愛撫技巧時，或勉為其難地承受時，妻子這麼做實際上就是在鼓勵丈夫去發展婚外性交。

然而，如果在丈夫身上出現了上述因素，當然也可以使一個性反應良好的妻子去發展婚外性交，但是這對那些性反應較差的妻子卻不適用。

還不清楚的是，一個人的婚前性交經歷與他後來的婚外性交之間究竟存在怎樣的關係。一些人婚前性交極多，可是到了婚後的婚外性交卻蕩然無存，可是與之相反的例子也不少，或許這兩種情況都存在的人也許在數量上會更多一點。

當然，下層男性婚前性交是最多的，婚後初期的婚外性交也是最多的，大學程度者卻在兩方面皆為最少。這種論述都是確實存在的，但是這些都不足以說明問題。因為造成此種情況的主要原因，是兩個階層不同的社會態度，而社會態度卻絕不是婚前性交對婚外性交發揮作用的結果。

婚外性交的社會意義

　　婚外性交為世界文藝提供了極為豐富的素材，這個主題是文藝對其他任何性問題的描述所無法超越的。處在任何時代的任何人都知道這樣一個道理：實際上，每個人都渴望婚外性交。但是，任何時代的任何一位作者也都有理由相信，沒有人能夠逃得出社會之網。

　　現今所流行的大多數社會學的、治療學的、性教育的和宗教的作品都認為，婚外性交行為一定會對婚姻有所損害。從1913年至1946年，就像我們所見，已經有19位作者出版過17部與之類似的著作。只是偶然才會有作者說：「婚外性交也有其價值，它可以用來滿足人類的需要。」

　　與此同時，因婚外性交而導致家庭破壞或毀滅及當事人身敗名裂的事例卻舉不勝舉，在我們的大眾讀物上這種事情隨處可以見。婚姻諮詢顧問和醫生們認為，這樣的事件似潮水般蜂擁而至。即使是科學家也談不了什麼全新的內容，而且也絕不敢低估它對社會組織的破壞作用。

　　究竟是婚外性交必然導致婚姻難題，還是難題本身就源於群體的道德呢？究竟有多少婚外性交會給婚姻帶來煩惱？難道它真的對婚姻沒有產生任何積極作用嗎？它對當事人今後的人格發展又產生哪些作用？毫無疑問，社會太需要這個方面客觀性的答案。我們在此簡單的來談一下：

　　在婚外性交發生率最高的下層社會中，妻子們普遍都明白，丈夫們終究有一天會選擇「背叛」的，甚至其中有一些直截了當地承認：她們自

己其實十分清楚丈夫的所作所為，卻不對此進行反對，也不願對此繼續糾纏，更樂得眼不見為淨。不過，低階層中也會常因此事而引起婚姻失調。有外遇的配偶自然就會使自己的性興趣和情感得到分散，那麼基督和仇恨就會接踵而至，繼而引發曠日持久的爭吵與毆鬥，有時甚至會以凶殺為結局。不顧家或不養家的人在這個階層中是大有人在的，其中一部分就是因為丈夫被其他女人勾引跑了，結果女性經常遭受遺棄、分居、離婚之苦。

但是，在低階層中仍存在一部分婚外性交並沒有使夫妻之間的感情受到明顯的干擾，婚姻的穩定性也沒有受到影響。但是，我們仍然欠缺這個方面的資料，不足以分析各種情況的發生率。

婚外性交較少在中產階級中發生，就連夫妻之間也很少出現吵架和打架的情況，即使出現了，雙方往往選擇離婚了事。對於沒有因此引發煩惱的情況究竟有多少，尚有待研究。

上層社會中很少有因為婚外性交而引發婚姻難題的。因為這樣的事情發生時往往是除了當事者以外，沒有人知道。但是萬一被他人知道就會導致夫妻不和甚至離婚。但是從另一方面來說，有一些人知道配偶有外遇，反而幫助和鼓勵他這麼做。這種坦率和公開的寬容，在低階層中是不存在的。在任何階層中，對一個道德準則已經根深蒂固的人來說，這是恥辱的泉源。

每個階層的妻子們往往都能對丈夫的婚外性交行為加以寬容，而丈夫們卻截然相反。從人類史的開端就是如此了。

婚外性交會帶來什麼樣的後果，更多地取決於配偶的態度，以及他們所屬社會群體的態度，而事情本身的影響及發生的對象卻沒有多大的影響。倘若事情沒有被發現，所造成的後果就會更少。很多人都在對婚姻不

產生絲毫干擾的情況下，長期保持著婚外性交關係，然而一旦這種行為被其配偶發現，離婚就會立即隨之而來。

當婚外性交中的激情和溫情超越了與配偶的原有之情時，婚姻難題將在所難免。反之，如果它不包含如此之多的激情內容，而只是作為一種社會交往的手段，那麼大多數都可以避免這種煩惱的發生。沒幾個男性可以做到同時能與兩個或更多的女伴保持激情關係，但相當多的男性卻根本不會使自己陷入到這種關係中。

根據我們的調查結果，有些男性之所以在婚內性生活的協調方面駕輕就熟，毋庸置疑，這是婚外性交的功勞。有些男性在其中學會新的性技巧，有些人則從中獲得全新的性態度，以上兩者都會幫助他們在婚內性生活中更加遊刃有餘。

有一些女性和自己的丈夫難以達到性高潮，卻可以透過另一個男人的刺激神奇地首次達到高潮，倘若她有了這種經歷，她們與丈夫的性生活就會更加地協調。婚外性交還會令一些男性發現，原來自己與妻子的性生活其實比自己所認為的還要美滿得多。

有一少部分夫妻在相互知道對方有婚外性交以後，卻仍能使一個幸福的和受到社會讚賞的家庭得到共同的維持。據我們的相關調查顯示，有一些男性在妻子面前完全沒有性能力，可是在持續終生的婚外性關係中卻能獲得成功而美滿的性生活。與此同時，他們的妻子們也與丈夫以外的其他男性保持著終生的性關係。

在上層和下層社會中，都存在一些家庭所撫養的孩子來自於婚外性交。夫妻雙方都可以接受這種局面，而且只要鄰居和法律都沒有發現，這樣的關係就可以順利得到維繫。

生長於歐洲大陸，後來才移居美國的那些人，存在十分普遍的婚外性交。嚴格來說，人口中有婚外性交者所佔的比例並不是特別大，即使那些公開要求這種自由且捍衛其權利的人，實際上，在自己的生活中也很少有類似的事情發生。我們現在還不能斷定上述現象究竟意味著什麼。這也許可以成為對道德改良的一個貢獻，促使道德不再對那些自認為已經解放的人的行為進行控制。也許這是一種警示，告誡人們婚外性交會給當事人帶來不可預料的困難和苦果。但是，在最終論定婚外性交對個人、對他們與家庭的關係及對整個社會發揮怎樣的作用時，心理學家、社會科學家以及整個社會首先必須具有大量更為科學的資料，這一點是不可否認的。

第十六章

與賣淫者的性交

在社會學和法律中，賣淫的定義為：以提供任何形式的性交關係來換取金錢收入的人。在生活實踐中，這個術語所要特別強調的是賣淫者幾乎可以與任何人發生性交關係，無論是否相識。此外，他們所得的利益報酬是金錢，而不是物品或服務，這一點也是強調的重點。

賣淫者指的不僅是那些終生或長時期從事賣淫活動的人，因為有相當數量的賣淫者僅將賣淫作為自己正式職業外的一種次要的副業。因此，哪怕用性交關係換取金錢的事件只發生過一次，也屬於賣淫者之列。

強調換取金錢的目的是為了區分賣淫和夫妻性交。不過，一個女孩在答應與男友或未婚夫發生性交之前，對對方提出一些要求，如一定要帶她去吃頓晚餐或去夜間娛樂場所玩等，那她就已經帶有很多的商業交易的色彩，儘管她自己對此並不承認。男性贈送禮品給女性若僅僅是出於朋友之情，這是不具有交易性質的，但是事實上，相當多的男性是在為期待中的性交做先期投資。

在低層社會中，許多女孩很明顯是為了取得長襪、衣飾、化妝品或其他有價物品，才同意與男性保持婚前或婚外性交關係的。倘若她覺得男方提供的東西不足以彌補自己的付出，或男方能夠提供很多卻沒有這樣做，她就會馬上與他斷絕關係。除此之外，在任何階層中，如雙方關係持續了一段時期，男方都必須向女方的家庭進貢或資助。這種關係很難將他定義為賣淫。還有些妻子每次性交都向丈夫要錢，我們就發現了一些這樣的妻子，其性質也是無法確定的。不過，這些畢竟都是十分罕見的情況。

賣淫者大致可以分為四種類型：一是在異性性交中由男方付錢給女方，女方就是人們通常所定義的妓女，這也是本章要著重研究的類型；二是男性為其他男性提供性服務以換取金錢，提供者就是男同性賣淫者。這類人的數量在很多大城市裡與我們一般所謂的妓女不相上下。這類人一般不會完全依靠賣淫為生，賣淫的時間通常也不長；三是異性性行為中，由女方支付金錢給男方，男性就是男異性賣淫者。但是，這樣的事件並不普遍；四是在女性同性性行為中，一方向另一方支付金錢，收取錢財者和支付者皆為女性，收錢者就是女同性賣淫者，這種情況在四種類型中也是最少的。

我們所談論的賣淫者，包括以上全部的四種類型，但是在本章中，我們只研究第一種類型的情況，不是研究妓女制度本身或妓女本人，只是對與妓女性交的男性的性行為進行研究。

與賣淫者性交的發生率與頻率

　　大眾讀物和許多社會科學出版物普遍都認為，大部分男性的非婚性交全是與妓女發生的。但是事實上，僅以美國來說，其發生率並不像一般人所認為的那樣高，其頻率則更低。執法官員和社會學者的專著、通俗性讀物、小說，以及最出色的文藝作品，往往都對妓女在美國男性整個性生活中所產生的作用和意義做了過高地估計和渲染。

　　透過調查我們發現，美國男性中曾經與妓女發生過性交的佔69％，其中有很多人都只是有過一兩次而已。有15％～20％的人一年之中也只有幾次，而且至少連續5年都是如此。當然也有人從來沒有與妓女之外的其他女性進行過性交，但此類人少之又少。

　　與妓女性交在男性性釋放整體中所佔的比重僅為3.5％～4％，只比愛撫和與動物性交這兩個途徑高。在大學程度者中，這個比重最低，連同性性行為都是它的10～20倍。有些群體利用與妓女性交來控制非婚性交，但是即使如此，前者也不足後者的1/10。因此，將與妓女性交作為一種性釋放的途徑已經沒有那麼重要了，只是它對社會來說很重要而已。

　　與妓女進行性交在男性所有婚前性交中所佔比例情況如下：16～20歲為8.6％，21～25歲為13.3％。在婚外性交中的比例則從16～20歲的11％增至30歲的17％，再增至55歲的22％，這一點備受關注。其中，部分的原因是成熟男性更具有尋求新性伴侶的能力，特別是那些魅力十足的年輕女

性；部分的原因是成熟男性最終會認識到，與其將時間和精力都消耗在討好一個非妓女女孩上，還不如乾脆找個妓女更為省事。

男性曾婚者與妓女性交的比例也在隨著年齡增長而增加，這也源自相同的風尚和原因。

發生率和頻率卻因階層的不同而存在。到25歲為止，高中以下者的發生率為74%，高中程度者為54%，大學程度者僅28%。

在青春期初期，男性與妓女性交的發生率及頻率都是很低的。但執法官員卻特別重視防止青少年們這種關係的發生。結果我們調查顯示，如果想讓一個妓女承認她曾經與一個18歲以下的男性發生過性交，那便真是難上加難了。但是，卻有8%的男性承認自己在15歲以前就發生過類似的事情了，當時頻率為每4週1次，30歲時增為每3週2次。當然，這些人中仍是高中以下者頻率最高，大學程度者最低。16歲～20歲時，前者是後者的9倍，到30～35歲時，則達到36倍。如果按職業等級來看，等級2和等級3是等級7的5～10倍。這個現象值得防治性病的公共衛生官員給予關注，努力對相關群體進行教育。

按美國男性的全部人口來計算，每人每年與妓女所發生的性交約為5次。但是在總人口中，依1940年做出的統計為據，達到青春期卻還沒有達到喪失性能力年齡的男人，只佔34.3%。以此推算，全美國每個10萬人口的城鎮中，每星期都將有3190件這類事件發生。倘若警察要逮捕每個有此行為的男人，顯然是根本不可能實現的。這表示控制人類的行為是多麼困難，消滅妓女的任務是多麼艱鉅。

在最近一、二十年以來，人們為控制妓女而實施各種措施，但是我們的資料仍然顯示，現在一代人的發生率幾乎與二十多年前的一代人完全相

同。階層歸屬使人們的活動得以區分，但兩次世界大戰卻沒有讓兩代人的行為產生什麼差別。

不過實施頻率到底還是有所下降，這是教育水準提高和法律制裁的結果。相較於上一代人，這一代人的頻率只有2/3或1/2。反過來，顯然增加了與非妓女女孩的性交。

這一代人不再像上一代人那樣整天都想著妓女。上一代男性之所以會去妓女家或妓院時，不僅僅只是去尋求性交那麼簡單，這也是作為一種觀光遊玩和社交的方法。他們在那裡經常從事非性交的活動，例如飲酒，賭博等等。今天的妓女大多都是單個女性獨立營業了。雖然事實上美國的每個大城市都有條件將妓女集中限定於某個特定的區域之內，但是由於有組織的賣淫活動在這些城市中大多都已經不存在了，外來人很難找到妓女，因此上一代人的那種風尚也就不復存在了。據我們估計，現今妓女的人數並不比10年或20年前少多少，只不過營業方式發生根本性的改變，每週接客的次數也有所下降了而已。

與賣淫者性交的技巧

　　在此，我們並不準備對妓女賣淫的細節過多地加以討論，只想對妓女和嫖客的階層所屬以及本人的狀況進行研究。大多數妓女都出身於低層社會，所具有的也是低層社會的行為模式，這種模式會在她們賣淫之後繼續對她的性態度產生影響和制約。她的一些嫖客與她來自於同一階層，她的性交模式便也足以使他感到滿意。但是，有相當多嫖客屬於高中程度者，大學程度者儘管不多但卻極為重要，結果他們所要求的性交與愛撫技巧正好是妓女們最為生疏的。但是為了能夠賺到錢，她們會竭盡全力地按照嫖客的要求去做。但是，所需要注意的是，她們通常會拒絕運用這些技巧去應對她們的丈夫或男友。

　　妓女同樣將性交前的愛撫、深吻、口刺激乳房、口與生殖器接觸等行為看作是反常和墮落的，即使她們是出於金錢的目的而這樣做，仍然無法改變她們的這種想法。她會看不起那些提出這種要求的嫖客。當然，也存在例外情況。有些妓女不會認為這些有什麼不妥之處，只要是付錢就什麼都可以。有些還會對方式的變換很感興趣。在這些妓女中，有些是高中或大學程度者，有些具有非常高的智力水準。這最後的一類能夠快速適應和提供最能讓上層男性感到滿足的變換技巧，其中的一些妓女還保持著與上層的長期關係，儼然夫人和主婦。

　　對於那些價格較低廉的妓女來說，以最快地速度完事是她們所希望

的。這也與她的出身有關。性交的時間在某些妓院中被限定為在5分鐘之內或更少，過時者則要另外加錢。受教育較多的男性所提出的要求具有社交色彩，要求性交前的愛撫，而這些都是廉價的妓女不能提供的，也是大多數妓女不提供的。只有在那些價格昂貴的妓院中，或被富豪們包養的妓女中，才有可能會遇到稱心如意的女人。

較為高級的妓院都因為禁娼運動的實行關閉了，大多數最低級的妓院卻都殘存了下來。妓女都開始獨自營業。她們經常會因為失去賣淫場所，轉而去黑暗的小巷、自己的住所或價格便宜的小旅店。結果，曾滿足過上一代人的嫖妓活動，如今卻無法令這一代人得到滿足。

妓女的意義

　　在世界文學中，曾經有許多作品試圖對妓女存在的社會意義加以論述。本世紀以來的有關論述，也都將以前的文學作品作為資訊的來源，去討論那時妓女的地位。唯有一點可以確信，有史以來直至第一次世界大戰，妓女在男性生活中的重要性都要比現在大很多。

　　賣淫一直與其他黑社會活動有千絲萬縷的關聯，諸如賭博、販私酒、出售麻醉品等等。一旦發現機會，許多妓女都會劫掠嫖客，還時常伴有暴力搶劫、毆打，甚至是殺人。執法官員和其他相關人員要密切注意這類活動，而不是賣淫本身。在最近幾十年來，防止性病傳播是鎮壓有組織賣淫活動最充分的理由。從1907年至1946年，至少有31位作者出版過30本書來論述這個問題，但是我們在此暫時對上述社會問題進行討論。

　　歷史上任何的社會制度，都不會像賣淫制度那樣遭到如此之久的禁止，及如此嚴厲的反對。這會使人們產生這樣的觀點：賣淫制度本身一定存在許多根本上的謬誤。但從另一方面來看，仍然沒有完全消除妓女，對此，人們不禁想要去問：為什麼男人一直且一定要去找妓女呢？這很可能是由經濟規律造成的，因為對它的需求一直就沒有消失過。從1922年到1944年，至少有8位作者在7本書中表達了這種觀點。但其首要原因是：男人嫖妓的目的是釋放在其他方面不能釋放的性張力，或是尋求只有在妓女那裡才能得到的性活動。很多男性是為了尋求變換性對象所產生的新樂趣

而選擇去嫖妓。還有一些男性因為他們覺得去妓院比去找個體戶的妓女更保險，感染性病的機率會很小。有一些則完全出於好奇，要開開眼界。社會心理學家還發現有時男人成群結隊去找妓女。

　　每個階層的男性中都會有人認為，嫖妓比追求一個非妓女的女孩更為省事。即使是相當容易就可以與女孩性交的大多數低層男性，當他們急於性交卻又不想多費力氣時，也會去找妓女。對於上層男性來說，倘若不長期約會並為此大為破費，與任何一個女孩性交都是很難的，於是某些人就只好選擇與妓女性交。當然，當男人身在異鄉，客居一個陌生城市時，自然會有很多人選擇嫖妓。

　　許多男性堅持認為，嫖妓的花費要比與任何其他女孩性交都少。例如，若要結識一個上流社會的女孩，要約會幾週、幾個月甚至幾年的時間，才可能發生首次性交，在這中間他要送她鮮花、糖果、化妝品，要請她出席晚宴、晚會、招待會、看電影、看戲劇、逛夜總會、跳舞、野餐、週末家庭聚會、開汽車兜風、長途旅遊，以及所有需要大量花費的活動。除此之外，還要在她的生日，以及各種數不勝數的其他節日裡送她禮物。即使是這樣，付出上述的一切努力之後，一旦讓她理解到男方對性交感興趣，她就會立即與之斷絕關係。在第二次世界大戰之前，與妓女性交1次只需花1～5美元，可是若要追求一個女孩那可就不知要花多少錢了。即使是在戰爭時期，妓女們的價格飛漲之時，嫖妓也不會比追求其他女孩貴，況且這些女孩最終的答覆還是個未知數，可能同意性交，也可能不同意。

　　男人之所以嫖妓是因為他們在付錢之後再不需要承擔其他任何責任；而與其他女孩性交，帶來的卻很可能是自己根本無法承受的社會及法律的義務。

男人去妓女那裡尋求在其他任何地方得不到的性活動。妓女能夠滿足虐待狂、被虐待狂、異物摩擦癖。倘若偏好群交和觀看性交表演，也唯有妓女那裡才能提供。所有有過這類行為的人差不多都是因為這些原因才去嫖妓的，而其發生率則遠比一般人預料的要高很多。

有些男性之所以去嫖妓是因為他們與其他女孩建立性關係的能力有所欠缺，特別是羞怯者更為普遍。有各種缺陷或殘疾的男性會更難以尋求異性性交。有許多妓女給他們提供了首次性交，進而使他們的自信心重新樹立起來。下層社會中弱智、畸型，或相貌醜陋，或舉止令人反感的那些男性，他們若想與異性性交也唯有去找妓女。倘若這種釋放途徑不存在，他們可能會造成更多、更嚴重的社會問題。

妓女的社會意義，主要取決於嫖客究竟是什麼樣的人，來自於哪個階層。下層人中對賣淫行為持反對觀點的很少，不少人認為這要比與其他女孩性交好得多。下層男性對女性的性反應不是特別關心，對性交激情也沒什麼興趣，不企望受到愛撫。他們偏好的是那種沒有激情、不存在社會義務、實在的性交過程。因此，他們對妓女偏愛有加，因為妓女一定不會像其他女孩，甚至他妻子那樣反對性交，反而與他一樣對性交充滿期望。

但另一方面，上層社會的男性幾乎都認為，與妓女性交所得到的滿足遠不如與別的女孩。這就是為什麼大多數的上層男性不再有第二次嫖妓的首要原因。另一個事實是，商業化性交中缺乏與女友或妻子性交時的那種情感上的交流。上層男性通常對妓女的無愛撫和無性反應感到厭惡。結果，與他進行性交的妓女無法使充滿激情而敏感的他得到滿足，並且在相當多的時候，與妓女性交時他也會時常發生陽萎現象。與妓女性交會對當事男性的人格產生怎樣的影響，有待心理學和精神病學的深入研究。

第十七章

同性性行為

在全部男性的性釋放總量中自我刺激與夜夢射精佔24%；異性性行為（包括愛撫與性交）佔69.4%；同性性行為佔6.3%。

如此看來，在釋放總量中，同性性行為只佔很小的比例；但如果將它的發生率考慮在內，即相當多男性，其一生中至少有過某種同性性行為的經驗，顯然就會使其意義和重要性大增。約有60%的前青春期男孩發生過同性性行為，此外在一些成年男性中，雖然並沒有發生同性性行為，但他們十分清楚自己完全具有這樣的潛在可能性。由於在猶太教和基督教的教會中，同性性行為始終被認為不正常的和不道德的，所以需要特別強調同性性行為的社會意義。按照我們的社會習俗和英美法律的規定，具有同性性行為者一經發現，其受到的懲罰有時是十分嚴厲的。因此，這種人有很多都會受到嚴重的精神困擾，其中一直與社會組織進行公開對抗的人也不在少數。結果，我們一直在西歐或美國文化中，找不到用來確定同性性行為本質及其發生率的可靠資料，更難以對它的生物來源或社會來源進行進一步探索。

同性性行為的界定

　　近百年來，同性性行為這個術語，一直被用來指稱性關係，指稱在同性之間建立的性關係，而且包括肉體關係，也包括精神關係。結果，用來指稱這種人類行為的有許多新名詞，而且花樣還在不斷翻新，例如：同性愛，逆性性行為、同性色欲、同性主義、同類性愛等等。還有許多名稱不僅指出這種行為是在同性之間發生的，其中還蘊含著一般人對它的評價。由於有同性性行為的人被普遍認為既非男人也非女人，而是一種混性人（兩性混合的人），因此就出現了這樣的稱呼：性倒錯、中性戀、變性戀、第三性別、性心理上的雌雄同體等等。

　　這都是些模糊不清的名稱，特別是後一類按照混性人所起的名稱更是不對的。可惜的是，雖然人們根本沒有科學的依據，卻一直普遍沿用這些模糊的稱謂。

　　最近在西方文化中，人們又單獨稱呼女性同性性行為為「蕾絲邊式性愛」（Lesbian）。它的起源與古希臘著名女詩人莎芙有關，因為在人們的心目中她就是一個同性戀者，她又在列斯伏斯島上居住，結果就產生這樣一個稱呼。如果將這個稱呼用作專業術語來用也是不合適的。雖然我們不能阻止人們用一個單獨的名字來稱呼女性同性性行為，但我們一定要清楚，它與男性同性性行為是完全相同的。

某些動物學家在比哺乳動物更低級的動物身上應用同性性行為這個術語，按照研究異性交配的方法去探尋它們的「同性交配」，這也不是一種科學、妥當的做法。即使對哺乳動物的行為進行研究時，動物學家也是先分別歸納出雄性和雌性的典型性行為模式，再把雄性按雌性模式性交和雌性按雄性模式性交的現象稱為同性性行為。動物學家們詳細描述了在老鼠中發生的這種現象。

　　很明顯，對於人類性行為的研究工作來說這種描述和論斷絲毫沒有用處，因為大多數動物研究中所提及的「同性性行為」，實際上是指性行為倒換或性行為中性別角色的互換。當然，人類心理中性別顛倒的情況是確實存在的，一些經常發生同性性行為的人也是這樣做的，但這種倒換或顛倒的情況不僅在同性性行為中出現，也同樣在異性性行為中出現。更重要的是，透過調查我們發現絕大多數有同性性行為的男子仍然保留著他們的男子氣概，並沒有背離男性的行為模式；絕大多數女性的情況也是如此。他們與那些只發生異性性關係的男女不存在任何區別。因此，「顛倒」這個現象與同性性行為完全是兩個不同的行為類型，兩者之間也不存在必然的關聯。

　　最近動物行為的研究者還創造了「雙性」（或「兼性」）這個術語，用來指稱在性活動中有時扮演雄性角色，有時扮演雌性角色的個體。這個名稱也被用在人類身上，但這頗為不妥，因為其原義是指行為類型的轉換，與同性性行為或兼性性行為也不存在共同點。

　　在進行動物研究時，同性性行為這個術語的錯誤運用會導致許多混亂。動物學家發現，注射性激素可以降低上述行為倒換在動物身上的頻

率。但是這個論點被許多臨床醫生所誤解，他們以為控制一個人發生同性性行為還是異性性行為的因素，是他（她）的性激素分泌狀況。實際情況是：為某種動物注射雄性性激素，當然會使其性反應的強度和頻率有所增加，但是不會對其選擇雌性還是雄性作為性伴侶產生影響。這一點同樣也得到人類臨床實驗的證實。一個注射性激素的男性，會增大其性活動的強度，但對他發生同性性行為還是異性性行為的模式不會產生絲毫影響。

如果進行嚴格的界定，同性性行為與異性性行為的差別僅僅是發生性行為的兩個個體是否屬於同種生物上的性別，而不論兩人之間發生的究竟是哪種具體的性行為。例如，男女之間以口刺激生殖器的行為毋庸置疑屬於異性性行為，絕不能像某些人說的那樣：那個男人「以同性戀的方式與妻子做愛」。

同樣毫無疑問的是，兩個男性彼此以手刺激生殖器（「手淫」）的行為屬於同性性行為，儘管這一點遭到由此行為的男性的否認，因為他們認為，只有以口刺激生殖器或肛門性交才能算同性性行為。還有一種觀點認為，兩個同性個體發生性行為時，被動承受的一方是「同性戀者」，而主動施行的一方卻不是，因為後者只不過是對他在異性性交中的動作進行簡單的重複。

許多心理學家和心理醫生還錯誤地認為，偶然發生同性性行為的人與只進行同性性行為的人大相逕庭，後者的行為才是同性性行為，前者的則不算。這就把對行為本身的定義和對行為者的定義混為一談了。如此一來，又該怎樣判定那些與男女兩性都存在性關係的人的性行為呢？

正如這一章裡我們將要論述的，可以對行為者進行分類，把只發生同

性性行為而完全沒有異性性行為的人叫做絕對同性性行為者，兼有兩種性行為的叫做相對同性性行為者；然而行為本身卻只能分成同性間的與異性間的兩種。因此，最好不要用同性性行為這個術語來形容或稱呼人，但可以用它來說明某種肉體性關係或足以喚起一個人性欲的某種刺激的性質。

同性性行為的發生率

搞清楚同性性行為發生率的重要性已經為許多人所意識到。醫生需要用它來衡量其病人究竟是否偏離了常態。立法者、教師、教士、司法人員，社團領導者、社會工作者等等全都需要它，沒有它就會對一個有同性性行為經歷的人以及此事的意義產生誤解。監獄當局、治安管理部門、各類社福機構、公立或私立中學、大學、陸海軍，也同樣需要它，特別是在對任何一個有同性性行為的人，做出處罰決定之前就應該對它有所瞭解。

對發生率的估計可以迥然各異。在很多人的觀念中，同性性行為者非常之少，除了在醫院裡，人們經常一輩子也不會碰到一個。但據許多發生過同性性行為的人說，與自己相同的人佔人口的50％～100％。

遺憾的是，長期以來很少有科學研究者對這個發生率產生濃厚興趣。艾利斯於1936年做出估計，認為當時英國的這個發生率約為2％～5％，赫希菲爾德1920年對德國發生率也做出大致相同的估計。結果，這個發生率就被各個時期各個國家的人們所引用並得以流傳下來，雖然大多數人對其出處都一無所知。這些百分比的來源都是規模很小的抽樣調查。

本世紀以來，有三位研究者對美國人口中的發生率進行調查。需要注意的是，這三位研究者所得出的發生率都遠高於歐洲同行們的結果。這絕不是因為美國人與歐洲人之間存在巨大差異，而是因為這三位研究者都對多種群體做了調查，其調查方式都是直接面談，因此也就與總人口中的和

實際生活中的真實情況更為接近。

1929年發現，18歲以上的人中發生率為17％。1943年發現高中生的發生率為30％。1947年發現大學生的發生率為27％。但是，在第二次世界大戰中，聲稱對數百萬男性進行過體檢和心檢的美國兵役登記局（徵兵機關）卻斷言：其中被官方認定為同性性行為者只有約1％的人。其比例為何如此之低呢？因為同性性行為一貫遭到美國陸海軍的堅決反對，重者還會受到處罰，有過類似行為的人基本上都不敢吐露自己的真實經歷，不管入伍前還是入伍後。事實上，據許多軍醫和軍內心理醫生預估，軍人中的發生率應該在10％左右或更高。

透過我們的研究將給出更準確的發生率。我們所說的同性性行為的定義是很嚴格的：一個男性與另一個男性發生肉體接觸，並由此而達到性高潮。無論其心理刺激的狀況如何，無論運用什麼技巧，無論這種行為是否經常發生，無論是否還有異性性行為，這種同性間達到性高潮的肉體接觸就被定義為同性性行為。因此，我們的調查資料所反映的不是所謂「同性戀者」的人數，而是那些至少有過一次同性性行為經歷的人的人數。在我們有關同性性行為的資料中，將排除那些有行為但未達到性高潮的人，也會排除那些僅僅性欲被同性的刺激所喚起但無實際肉體行為發生的人，因為本書的研究對象是性高潮的狀況及其來源。但另一方面，那些有關同性性行為與異性性行為比率的資料，卻將那些有行為發生但沒有達到性高潮的人包括在內。因此在兩者的設定進行比較時，同性性行為的發生率比僅僅研究它本身時的發生率要高。

依據這個標準（發生肉體接觸並由此達到性高潮），我們的調查結果顯示，在美國青春期開始以後的所有男性中，至少有37％的人發生過同

性性行為（發生率最高的一個年齡組這個比例達37.5％）；青春期開始之前的少年兒童尚且不包括在內。在青春期開始以後，不到35歲的未婚男性中，幾乎整整一半的人發生過同性性行為（發生率最高的年齡組這個比例達50.9％）。

調查剛開始進行時，我們根本沒有預料到其發生率竟然會如此之高。幾年來，我們帶著深深的疑慮對所取得的資料和調查方法進行審查，但是無論我們的調查對象是一個大城市還是小城市，無論是城鎮還是鄉村、同一學院還是不同學院的大學生、教會學校還是公立或私立院校的學生、出身於同一地區還是不同地區的人，都擁有基本相同的發生率。我們又用了12種方法對得自於不同抽樣範圍的資料進行比較和對照，結果其發生率仍然與上述相同：至少37％和將近50％，而且透過重審我們還發現，現實生活中的實際發生率可能比我們的資料還要高5％甚至更多。

下面將從兩個方面對我們的具體資料進行描述，一個是依據年齡劃分的所有人的發生率，另一個是單身者的逐年累計發生率。

如果對每一年齡的人的發生率進行分別考察，而且把單身者和在婚者都包括在內，那麼15歲者為27.7％，18歲者為36.7％，20歲者為36.7％，25歲者為35.4％，30歲者為32.4％，36歲者為27.2％，38歲者為25.4％，45歲者為22.9％。其中最高者為19歲的37.5％，在18～24歲的每一年齡都在37％左右，但25歲後開始逐年下降。換句話說，從人的整個一生來看，如果不管該人以前或以後是否會有相同的行為，曾經在一生中至少發生過一次同性性行為的人，佔總人口的比例不會低於37％。

然而單身者的累計發生率的情況卻完全不同。

首先從受教育程度來看。在低於30歲的單身者中累計發生率最高的

是上過高中但沒有上大學的人，為54.2％，高中以下為45.3％，大學為40.4％。

　　無論受教育程度如何，所有單身男性的累計發生率都隨年齡的增大而逐年增長。從青春期開始，到15歲時為28.0％，20歲時為40.3％，之後21～25歲的5年中只有緩慢的增長，分別是40.4％、40.6％、42.1％、44.1％、44.4％。但過了25歲之後其增長速度又加快了，28歲時達到48.9％，32歲時達到50.2％，38歲時達到53.7％。

　　我們的全部資料都可以證實上述資料及其變化規律的真實性。那麼按年齡分別考察時，為什麼18～24歲是發生率的高峰期，而按單身者的累計發生率來看，21～25歲又是增長緩慢的時期呢？為什麼按年齡分別進行考察時，25歲以後的發生率逐年下降，而與此同時單身者的累計發生率卻在不斷上升呢？這其中有許多社會原因。

　　一個人從15歲以後，就會逐漸清醒地認識到，社會對同性性行為持堅決反對的態度。發生過這種行為的那些人就會產生劇烈的內心衝突，他們努力放棄同性性行為，並努力按照社會的要求把自己變成一個正常的異性性行為者。21～25歲正是他們最嚴重地壓抑自己的階段，因為正是在這個時期，他們才開始步入現實生活。當然，其中有些人取得成功，但是相當一部分人的努力最終歸於失敗。失敗者到25歲以後可能會做出這樣的論斷：花費這麼大的精力來禁止自己的同性性行為真是不值得，因而他們會自覺地、義無反顧地、有時甚至是集體或公開地決定重新恢復這個行為。另一方面，25歲以後，大量具有異性性行為傾向的人都走入婚姻的殿堂，他們便中止了之前的同性性行為，這就降低按照年齡對所有人進行考察時的發生率，但同時也減少仍然是單身者的人口基數，自然也就提高了其同

性性行為的發生率。

　　青春期開始得早的男性，具有較高的同性性行為的發生率，青春期開始晚的男性，其同性性行為的發生率則顯著較低。例如大學程度者的情況：都是在青春期前期，青春期開始較早的人的發生率為28％，而晚者僅為14％。隨著年齡增長，雙方發生率的差距不斷縮小，但是直到10年和15年之後，兩者之間仍然存在差距較大的實施頻率。這再一次驗證了本書前面章節的所提出的論斷：在所有人種青春期開始早的人擁有的性驅力是最強的，無論是在青春期前期還是在一生絕大部分時間裡，無論在自我刺激和異性性行為的發生率與實施頻率方面，還是在同性性行為方面。

　　在目前在婚的男性中，16～25歲是發生率最高的時期。那時約有10％的人存在同性性行為。25歲以後逐年劇減。但是這些資料反映的可能並不是真實的情況，因為一般來說，年輕的單身男性的同性性行為對象都是年紀較大的、在婚的人。一方有多少，就會有多少與之對應的另一方。毫無疑問，很多在婚男性並沒有吐露他們真實的性經歷。那些處於較高社會階層的在婚男性更是故意隱瞞，婚外性行為和同性性行為是他們最不情願談論的話題。那些社會地位較低的在婚男性，16～20歲之間時的發生率約為10％。高中教育程度的男性在21～25歲期間，而且在結婚以後，大約有13％的人有同性性行為，具有大學教育程度，同時在31～35歲之間的在婚男性中，發生率僅為3％。我們始終不能計算出在婚男性的各年齡總發生率和累計發生率，但它們一定會高於上述資料。

　　最後需要我們注意的是，我們不能說當前（1948年）的發生率比上一代以前增加了，因為我們前面引用的20年代和30年代的發生率，是依據迥然不同的標準確定並計算出來的，不能進行此類比較。

同性性行為的實施頻率

　　由於同性性行為較高的發生率，也由於在單身男性的性釋放總量中它只佔8％～16％，還由於在在婚男性釋放總量中它所佔的比例更低，因此可以肯定的是總人口中的同性性行為平均實施頻率也是很低的。即使包括那些有實際行為而願吐露的人，也不會有很高的實施頻率。

　　倘若不存在社會禁忌和個人的內心衝突，同性性行為本來會遠遠多於異性性行為。一個十幾歲或二十幾歲的男人，總不免會遇到一些外部的性試探，其中來自男性的要多於來自女性的。一個身體或個性富有魅力的青年男子所遇到的來自男性的性試探，要多於他自己向女性所發出的性試探。一個具有同性性行為經驗的男人可以找到男性性對象，一個具有異性性行為經驗的男人也能找到女性性對象，然而前者的性對象肯定多於後者。當然，只有有過真是經歷的人會瞭解這一點。社會禁止公開談論同性性行為，更禁止它的發生，這使得大多數人否認或忽視了結成同性性關係的機會和途徑事實上有很多，甚至那些渴望結成這種關係的人對此也一無所知。結果，許多這樣的人長期處於彷徨猶豫中，一次達到性高潮的實際性行為也沒發生過。這是造成同性性行為實施頻率很低的一個重要原因。

　　男性只需找到一個（僅一個！）能夠與之結婚的女性，便可以長期地、有規律地進行異性性行為。然而具有同性性行為的男性卻必須經常尋找許多不同的性對象。這些性對象所能提供的同性性行為機會極其有限，

有時甚至僅有一次。結果，在他們尋找新的性對象期間，他們的實施頻率就是零。

一個具有豐富同性性行為經歷的人會有其獨特的口味，不會對隨便什麼樣的性對象都輕易將就、湊合。審美眼光高、敏感、對不良環境的過度反應、偏愛某個年齡或社會地位，某種身高體重、膚色髮色、生殖器狀況、特殊場景、特殊時間、氣氛，對所有這些因素的考慮都可以令他錯失大量機會。

同性性行為者也常懷有深深的恐懼，因而極端缺乏安全感，他們對「辦事」的地點和環境總是百般挑剔。這同樣會使他們喪失成千上百次的機會。

能長期維持的男性同性性關係少之又少。本來，如果婚姻關係沒有得到社會習俗與法律規定的不斷強化和維持的話，能夠長期維持的異性性關係也會比目前實際存在的少很多，或存續期短得多。對同性性關係來說，這些外界條件和外來維繫力量都是不存在的，反而還會持續受到個人內心衝突和個人與社會衝突的雙重煩擾，如此一來，大部分這種關係僅僅成為一次聚首而已。

有很多男人都是因為生性孤僻、性格懦弱或有其他性格缺陷，不能與其他人進行任何形式的社會交往，於是發生同性性行為。他們都會認為與同性交往相對容易一些，儘管如此，他們仍然很難與一個陌生的同性進行交往，經常在他們認為是同性性行為者聚會的場所活動，但同樣會孑然一身，很長時間都不和其他人說一句話，即使明知那人可能是潛在的性對象。

對某些男性來說，其實在心理反應上可以算是絕對同性性行為者，但

考慮到道德因素或對社會懲罰的恐懼感，他們卻從未發生過真實的肉體接觸。當然，他們也會因此而痛苦萬分。

由於上述各種原因的存在，從整體上說，不但同性性行為的實施頻率是很低的，而且其中基本上也沒有幾個高頻實施者。無論其處於哪個社會階層，也無論其年齡如何，實施頻率高於每週3.5次的人，在同性性行為者的總數中都不會超過5.5％。即使只對同性性行為者最活躍的時期進行統計，其中每週超過6次的人也不超過5.2％。異性性行為與此相比，同年齡全體男性中每週實施超過3.5次的佔25％，最活躍的在婚男性中每週平均6次以上的人佔24％。

單身同性性行為者的平均實施頻率在青春期前期為每週0.8次，25歲時為1.3次，35歲時為1.7次。由於整體性釋放頻率隨年齡增大而降低，同性性行為在這些人的釋放總量中所佔的比例就有了非常明顯的提高：在青春期前期佔總量的17.5％，25歲前佔30.3％，到40歲時佔到40.4％。

受教育程度也是影響同性性行為的實施頻率的一個重要因素。其中大學教育程度者的實施頻率最低，高中教育程度者最高，高於前者50％～100％，高中以下教育程度者則居於兩者中間。

同性性行為與異性性行為的比較

在科學家們和律師們的觀念中，世界上只有「異性戀者」和「同性戀者」這兩種人，幾乎不存在「兼性戀者」，因此可以忽略不計。他們還認為：每個人屬於哪種人是天生的、命定的，而且終生都不會改變。

很長時間以來，「同性戀者」在生理、心理甚至靈魂與智慧等方面都被人們描繪成一種與「異性戀者」具有天壤之別的人。為了對這個問題進行科學的研究，我們需要做的不僅是弄清楚總人口中同性性行為的發生率和實施頻率；也必須弄明白同性性行為與其他類型性行為在一個人的生活經歷中究竟具有怎樣的相互關係。

根據我們的調查，大多數人的性行為並不是非此即彼的。當然絕對異性性行為者和絕對同性性行為者是存在的，但大多數人是兩類性行為兼而有之。只是某類性行為多一些，某類少一些，或者兩類剛好相等而已。

為對問題進行深入研究，我們把從絕對異性性行為者到絕對同性性行為者的中間過渡狀態劃分成7個等級：

0級——絕對異性性行為。

1級——偶有1～2次同性性行為，而且其感受和心理反應絕對不同於異性性行為。

2級——同性性行為稍多些，不是很明確地感受到其中的刺激。

3級——在肉體和心理反應上兩種性行為基本相等，一般兩者都能接受

和享用，無明顯偏愛。

4級——與異性性行為相比，在肉體和心理反應上同性性行為多些，但發生前者的情況仍然有許多，還能不明確地感受到前者的刺激。

5級——只是偶爾有異性性行為及其感受。

6級——絕對同性性行為。

依據上述劃分標準，我們對調查資料進行歸納和總結，得出以下結論。但是在給出結論之前，我們先要鄭重聲明：任何分類標準都是人為設計出來的，真實的世界不應也不可能被強行放入這種框架之中。因此，諸如在這個世界上究竟存在多少個「同性戀者」或者多少個「異性戀者」之類的問題，顯然根本就沒有答案。最多我們只能說，依據我們的分類標準和調查資料記錄，在某一級上有多少人。依據我們的調查結果，只能從整體上對白人男性中肉體同性性行為的發生率，對他們在上述7個等級中的數量分布狀況，進行有益的探討。

37％的男性在青春期開始之後，至少有過一次肉體的且達到性高潮的同性性行為經歷。

到35歲仍是單身的男性中有50％在青春期開始之後，有過達到性高潮的肉體的同性性行為經歷。

35歲仍是單身的男性中有過達到性高潮的同性性行為的人，在高中教育程度者中佔58％，在高中以下教育程度者中佔50％，在大學教育程度者中佔47％。

全部男性的63％在青春期開始以後，從來沒有過肉體的、達到性高潮的同性性行為。

全部男性的50％在青春期開始以後，在肉體和心理反應方面都沒有同

性性行為。

全部男性的13％在青春期開始以後，在性欲上對其他男性產生過反應，但並沒有發生肉體的同性性接觸。

在16～55歲的全部男性中有30％在至少3年內有過偶發的同性性行為經歷，或對同性產生過性欲上的反應（即1～6級）。

16～55歲的所有男性中有5％在至少3年內有過比偶發更多的同性性行為經歷或反應（即2～6級）。

16～55歲的所有男性中有18％在至少3年內有過與異性性行為同樣多的同性性行為（即3～6級）。

16～55歲的所有男性中有13％在至少3年內的同性性行為比異性性行為多（即4～6級）。

16～55歲的所有男性中有10％在至少3年內幾乎只有同性性行為（即5～6級）。

16～55歲的所有男性中有8％在至少3年內只有同性性行為（即6級）。

青春期開始之後的白人男性中有4％終生只有同性性行為（絕對同性性行為者）。

最後，我們要強調指出：個人的社會經歷與他是否有以及有多少同性性行為之間是否存在某種關係，是不確定的。一個年齡較大而且從未有過同性性行為的男性，可能會對一個同性幼童實施強姦，雖然在我們的劃分標準中這個偶發事件只達到1級的水準，但有理由相信他仍然會得到社會和法律的懲處。另一方面，大多數處於1級水準同性性行為的人卻沒有對任何人造成干擾。以6級水準來說，有些絕對同性性行為者控制自己肉體接觸範圍的能力性相當強，從來不會引起任何社會問題；但是也有些同樣處於6級

水準的人；如同色狼一般，公然挑釁社會準則，製造許多麻煩。

由於成年後的一生中只有50％的人是絕對異性性行為者，只有4％是絕對同性性行為者，因此46％（接近50％）的人口既有異性性行為，又有同性性行為，或在性欲上對兩性都有反應。無法用「雙性人」或「兼性人」之類術語來稱呼他們，更不能把他們理解為生理上或心理上「半男半女」或「兩性合體」的人。

同性性行為的科學意義與社會意義

　　既然有如此之多的同性性行為，既然古希臘和很多當代文化並不像英美社會那樣對這種行為嚴厲禁止，一個人對無論是同性性刺激還是異性性刺激產生反應，都是人類的一種本能。同性性行為和異性性行為在很大程度上都是人類習得的行為模式，很大程度上都是由一個人所處的特殊文化的道德觀念所塑造的。因此那些輕易就斷言同性性行為是遺傳來的或終生不可改變的人們，最好將社會文化的作用也考慮進去。

　　上述我們有關發生率和實施頻率的資料，把認為同性性行為者是精神病或人格變形的觀點徹底推翻。總人口中有同性性行為大約佔40％～50％，但是沒有任何跡象顯示他們有精神病或者人格變形。可能有人會說，一個有同性性行為的人，對社會的反應就是極端遲鈍的，在適應社會方面也是無能為力的。但心理學家和臨床醫生一般都不會強求一個人遵從某種特殊的行為模式，實際上，越來越多水準較高的心理醫生已經不會試圖改造病人的行為，而是幫助他們接受自我，並且引導他認識到自己的行為不總是背離社會規範。

　　當然，同性性行為者中確實存在某些神經症患者，但他們通常都是自己跟自己過不去，而不會與社會產生衝突。這種人同樣也存在於異性性行為者中。有些同性性行為者深受這種煩惱的困擾，以至於無法繼續他們的事業或履行他們的職責，甚至即使最簡單的社會交往也無法進行。然而，

或許真實的情況是因為他們發生同性性行為並由此遭到社會的反對才患上了神經症，而不是因為他們患有神經症才進行同性性活動，兩者之間有本質的區別。

一個人之所以會發展成為絕對同性性行為者，正是那些偶有幾次同性性行為，甚至僅有一次而被發現了的人就會遭到社會的排斥所造成的。高中生會因此被開除；在小城鎮裡，幾乎每個有這種行為的人都會遭到當地社會的強烈排斥。即使他想「改邪歸正」，轉而進行異性性活動，也不會從社會中得到機會，因此他不得不加入同性性行為者的群體，結果經過不斷發展而成為一名名副其實的絕對同性性行為者。每一位中學教師和校長，在碰到有同性性行為的男孩時，首先要知道：學校中其他所有達到青春期的男孩中，有此類行為的人會佔到1/4～1/3左右。

如果一個社區的人都能意識到，那些有同性性行為的人同樣有，甚至有更多、更經常的異性性行為，那麼這種事在整個社區看來也許就不會那麼少見多怪，不會那麼怒不可遏了。在把一個男孩或成人當作「同性戀者」記入其檔案甚至移交法院處理之前，作為一名社會工作者應該記住：在絕對同性性行為與絕對異性性行為之間存在許多中間狀態。

監獄當局和精神病院當局經常會遇到很多被判「犯同性戀罪」的男性。經過調查我們發現，在這些地方的所有犯人或病人中，有25%～30%的人有同性性行為經歷。很明顯，那些因此被判罪的人與其他人中的1/4～1/3並不存在根本的區別。對這類具有關押功能的機構來說，最應該關心的，不是如何對那些曾有過同性性行為的個體加以控制，而是怎樣對那些特別具有侵犯性並強行把別人拉入同性性關係的個人。

在對因同性性行為而被捕的人進行審理時，法官也要記住：在這個城

市的全體男性中，有將近40％在其一生的某個時候也應該在相同的罪名下被逮捕，而且，在這個城市全部單身男性中，有20％～30％都應該在同一年中以同一罪名被逮捕。同時，法庭（法官和陪審團）還要知道：如果把這些被捕者送進監獄或精神病院，那麼在所有被關押者中，已經有過同性性行為的人將有30％～85％，而且都比這個被捕者發生得更早。

此外，負責處理此類案件的法官會發現，他如果釋放或者輕判這些被捕者，他本人就會成為當地社會勢力的攻擊對象，並被莫須有地扣上縱容危險的「變態者」的罪名。只有在社會能夠接受的範圍內，執法者們才能運用對人類行為的科研成果。在人類同性性行為的真相沒有被整個社會所瞭解和接受之前，官方對任何一個同性性行為個案的處理，都不會發生較大的改變。

如果考慮到我們的資料來自於各個社會階層、不同職業和不同年齡，那些試圖強化性法律的警察和法官，那些為強化法律（尤其是反「性變態」的法律）而大聲疾呼的教士商人和其他群體，實際上同性性行為的發生率和實施頻率並不低於他們那個階層中的其他人。

那麼那些自己也有同性性行為的官員們為什麼要徹底禁止並懲罰他人的這種種行為呢？其實，這並非由於他們個性偽善了，他們同樣也受到道德的迫害，他們要面對公眾要求保護這種道德的強大壓力。只要這種傳統習俗與真實行為之間的巨大鴻溝依然存在於人民之中，執法者的這種自相矛盾也會繼續存在。

有人會認為，不管同性性行為在總人口中有多高的發生率和實施頻率，其不道德實質就必然導致社會的鎮壓。有人甚至主張，對所有人進行篩選和審查，一旦發現有任何同性性行為傾向的人都要進行「治療」或隔

離，這樣就會徹底消滅此類行為。科學家們並沒有資格對這個計畫是否符合道德進行評判，但科學家卻可以對它的可行性做出判定。我們的資料顯示，如果實施這個計畫，至少有1/3的男性要被隔離。美國成年男性在總人口中約為34%（1948年），這就意味著大約有630萬以上的人要被隔離。

即使這個計畫真的得以實現，真的將全部有過同性性行為的人在當今的社會中消滅殆盡，那麼它的發生率在下一代人中也不會有任何實質性的降低。有史以來，人類性活動中就一直包括同性性行為這個重要組成部分，其主要原因在於它是人類擁有多種能力的一種表現，而這樣的能力正是人類安身立命的根本。

海鴿 文化出版圖書有限公司
Seadove Publishing Company Ltd.

作者	阿爾弗雷德‧金賽
譯者	葉盈如
美術構成	騾賴耙工作室
封面設計	斐類設計工作室
發行人	羅清維
企畫執行	林義傑、張緯倫
責任行政	陳淑貞

青春講義 125

Alfred Charles Kinsey
金賽性學報告
〈男性性行為篇〉

出版	海鴿文化出版圖書有限公司
出版登記	行政院新聞局局版北市業字第780號
發行部	台北市信義區林口街54-4號1樓
電話	02-27273008
傳真	02-27270603
e‐mail	seadove.book@msa.hinet.net

總經銷	創智文化有限公司
住址	新北市土城區忠承路89號6樓
電話	02-22683489
傳真	02-22696560
網址	www.booknews.com.tw

香港總經銷	和平圖書有限公司
住址	香港柴灣嘉業街12號百樂門大廈17樓
電話	（852）2804-6687
傳真	（852）2804-6409

CVS總代理	美璟文化有限公司
電話	02-27239968 e‐mail：net@uth.com.tw

出版日期	2021年11月01日 一版一刷

定價	360元
郵政劃撥	18989626戶名：海鴿文化出版圖書有限公司

國家圖書館出版品預行編目資料

金賽性學報告：男性性行為篇／阿爾弗雷德.金賽作；
葉盈如譯--一版,--臺北市： 海鴿文化，2021.11
面 ； 公分. －－（青春講義；125）
ISBN 978-986-392-396-1（平裝）

1. 性知識

429.1　　　　　　　　　　　　　　　110016196